Nkechi Ofoegbu

Qualidade do fluxo de efluentes de um biorreactor anaeróbio de membrana submerso

Nkechi Ofoegbu

Qualidade do fluxo de efluentes de um biorreactor anaeróbio de membrana submerso

ScienciaScripts

Cover image: www.ingimage.com

This book is a translation from the original published under ISBN 978-3-659-81810-3.

Publisher:
Sciencia Scripts
is a trademark of
Dodo Books Indian Ocean Ltd. and OmniScriptum S.R.L publishing group

120 High Road, East Finchley, London, N2 9ED, United Kingdom
Str. Armeneasca 28/1, office 1, Chisinau MD-2012, Republic of Moldova, Europe
Printed at: see last page
ISBN: 978-620-8-14110-3

ÍNDICE DE CONTEÚDOS

RESUMO

As águas residuais do efluente do biorreactor de membrana anaeróbia submersa não cumprem as normas regulamentares para descarga no ambiente. O objetivo desta tese é determinar o melhor tratamento físico-químico mais adequado para reduzir ainda mais o conteúdo orgânico deste efluente para níveis aceitáveis para descarga no ambiente. Foram também realizadas experiências para determinar os efeitos de certos plastificantes presentes no efluente do reator biológico de membrana anaeróbia submersa (SAMBR), nomeadamente o hidroxilbifenilo, o ftalato de bis-2-etil-hexilo e o 2-fenilfenol, para determinar os seus efeitos na cultura microbiana do reator.

Foram realizadas experiências de adsorção por lotes utilizando adsorventes como carvão ativado em pó, carvão ativado granular e resinas de permuta iónica, para determinar as condições óptimas e o modo de funcionamento, a cinética e o adsorvente mais adequado para a redução da matéria orgânica. Também foram efectuados testes de coagulação/floculação à escala do lote para estudar o efeito do $FeCl_3$ na remoção de substâncias orgânicas e também para comparar o efeito da coagulação com a adsorção.

Por fim, foram efectuados ensaios de toxicidade anaeróbia (ATA) com os plastificantes e, utilizando o método de produção biológica de metano (BMP) desenvolvido por Owen et al, foi observado o volume de gás CH4 produzido e, por conseguinte, o efeito dos plastificantes nos inóculos.

Os resultados mostram que o carvão ativado em pó (PAC) e o carvão ativado granular (GAC) foram mais eficazes na remoção de compostos de baixo e alto peso molecular do efluente SAMBR em comparação com o $FeCl_3$ e as resinas de permuta iónica. O $FeCl_3$ foi mais eficaz na remoção da fração de elevado peso molecular do SAMBR, e o polielectrólito melhorou a eficiência do processo de coagulação.

As resinas de permuta iónica não iónicas não são tão eficazes como o carvão ativado na remoção da fração de baixo peso molecular do SAMBR e a eficiência das resinas depende da natureza da fração de baixo peso molecular e não das respectivas dimensões dos poros.

O PH, as doses, o tempo de contacto e o tamanho dos poros do adsorvente são alguns dos factores que afectam a eficiência de cada adsorvente. Foram estudadas experiências em colunas contínuas e verificou-se que apresentam uma maior capacidade de adsorção quando comparadas com a capacidade de adsorção em lotes.

Os resultados da ATA mostram que o hidroxilbifenilo e o bis-2-etil-hexilftalato não têm efeitos inibidores da capacidade de produção de metano do inóculo, ao passo que, a concentrações elevadas, o 2-fenilfenol pode afetar parcialmente a produção de metano das bactérias acetoclásticas.

INTRODUÇÃO

O lixiviado de aterro é uma água residual complexa com variações consideráveis tanto na composição como no caudal volumétrico. A composição e a concentração dos contaminantes são influenciadas pelo tipo de resíduos depositados, por factores hidrogeológicos e, principalmente, pela idade do aterro. Em geral, o lixiviado está altamente contaminado com contaminantes orgânicos medidos como carência química de oxigénio (CQO) e carência biológica de oxigénio (CBO), com amoníaco e metais pesados halogenados. Além disso, os lixiviados contêm normalmente concentrações elevadas de sais inorgânicos. As substâncias húmicas constituem um grupo importante da matéria orgânica dos lixiviados. Estas substâncias podem ser comparadas às substâncias húmicas da matéria orgânica natural (NOM). As substâncias húmicas são macromoléculas aniónicas refractárias de peso molecular moderado a elevado. Estas substâncias húmicas contêm componentes aromáticos e alifáticos.

Na maioria dos casos, a primeira etapa das instalações é um processo biológico para a remoção de amoníaco, CQO e CBO5. Os processos biológicos são eficazes para lixiviados recentes que contêm principalmente ácidos gordos voláteis, mas menos eficazes para lixiviados estabilizados. Na maioria dos casos, os lixiviados estabilizados da fase biológica ainda apresentam valores elevados de CQO, porque a fração fulvica de peso molecular 500-1000 aumenta com a idade do aterro e após um tratamento biológico.

Por conseguinte, teve de ser efectuado um tratamento adicional do efluente para reduzir este nível de CQO. O tratamento físico utilizando adsorção de carbono ativado, resinas de permuta iónica e métodos de coagulação foram utilizados para reduzir ainda mais a CQO e para estudar e comparar os efeitos destes vários processos de tratamento em termos de eficiência na remoção da CQO. Foram então determinadas as condições óptimas para estes vários processos em termos de PH e concentração.

Dado que o tratamento anaeróbio é cada vez mais utilizado para resíduos industriais que podem conter elevadas concentrações de compostos tóxicos ou não biodegradáveis, como os plastificantes, é necessário avaliar a toxicidade destas substâncias para a taxa de produção de metano das bactérias anaeróbias no reator.

CAPÍTULO 1

1,0 Resíduos sólidos urbanos

A definição de resíduos no Reino Unido deriva da Diretiva-Quadro "Resíduos" da CE (75/442/CEE, alterada pela 91/156/CEE). A Lei do Ambiente de 1995 define resíduos como qualquer substância ou objeto de que o detentor se desfaz ou tem intenção de se desfazer. Por detentor entende-se o produtor dos resíduos ou alguém que esteja na sua posse, e por produtor entende-se qualquer pessoa cujas actividades produzam resíduos, ou qualquer pessoa que efectue um pré-processamento, mistura ou outras operações que resultem numa alteração da natureza ou composição desses resíduos.

Os Resíduos Sólidos Urbanos (RSU) - mais vulgarmente conhecidos por lixo - são constituídos por artigos do quotidiano, como embalagens de produtos, aparas de relva, mobiliário, vestuário, garrafas, restos de comida, jornais, electrodomésticos, tintas e pilhas e todos os outros materiais que entram no fluxo de resíduos. Há várias actividades que têm impacto em todo o espetro de materiais que constituem o fluxo de resíduos. Por exemplo, as práticas de gestão de resíduos urbanos, como a redução na fonte, a reciclagem e a compostagem, evitam ou desviam materiais do fluxo de resíduos. A redução na fonte envolve a alteração da conceção, fabrico ou utilização de produtos e materiais para reduzir a quantidade de toxicidade do que é deitado fora. A reciclagem desvia artigos como o papel, o vidro, os plásticos e os metais do fluxo de resíduos. Estes materiais são selecionados, recolhidos, processados e depois fabricados, vendidos e comprados como novos produtos. A compostagem decompõe os resíduos orgânicos, como restos de comida e aparas de jardim, com microorganismos, produzindo uma substância semelhante ao húmus.

Outras práticas tratam os materiais que necessitam de ser eliminados. Os aterros sanitários são áreas projectadas onde os resíduos são depositados no solo.

A combustão é uma prática de RSU que tem ajudado a reduzir a quantidade de espaço necessário nos aterros. A combustão facilita a queima de RSU a altas temperaturas, reduzindo o volume de resíduos e gerando eletricidade.

A Agência de Proteção do Ambiente (EPA) classificou as estratégias mais ecológicas para os RSU. A redução na fonte (incluindo a reutilização) é o método mais preferido, seguido da reciclagem e da compostagem e, por último, da eliminação em instalações de combustão e em aterros sanitários.

1.1 Aterros sanitários

Um aterro sanitário é uma grande área de terreno, normalmente revestida, que é utilizada para depósito/eliminação de resíduos. Enquanto a precipitação for superior à taxa de evaporação da água, o nível do líquido (lixiviado) dentro da área do aterro tenderá a subir. Embora as caraterísticas dos lixiviados dos aterros dependam do tipo de RSU depositado, outros factores relevantes incluem o grau de estabilização dos resíduos sólidos, a hidrologia do local, o teor de humidade, a variação climática sazonal, a idade do aterro e a fase de decomposição no aterro. As caraterísticas comuns dos lixiviados estabilizados são uma elevada concentração de NH3-N (3000-5000mg/l) e uma concentração moderadamente elevada de CQO {50000-20000mg/l), bem como um baixo rácio de CBO/CQO (inferior a 0,1).

Um aterro pode ainda produzir lixiviados com uma elevada concentração de NH3-N mais de cinquenta anos após a cessação das operações de enchimento. Se não forem devidamente tratados, os lixiviados que se infiltram num aterro podem entrar nas águas subterrâneas subjacentes, constituindo assim uma ameaça potencial para o ambiente e a saúde pública. As condições ambientais exigem que o nível de lixiviados seja controlado, o que significa que o excesso de lixiviados deve ser removido ou eliminado. A introdução dos Regulamentos de Aterros de 2003 teve um efeito dramático na indústria dos resíduos, mas nem isso é suficiente para afetar a consistência e a qualidade dos lixiviados atualmente gerados nos aterros existentes.

Os aterros sanitários serão sempre procurados em muitas áreas como o único método de eliminação rentável; no entanto, os lixiviados podem ser eliminados de três formas

1. Para o esgoto: quando é provável que haja uma restrição da concentração de amoníaco, metano e compostos que possam afetar as condutas de esgoto.
2. Para um rio: onde haverá, muito provavelmente, limites para a CBO, a CQO e os sólidos em suspensão. Em muitos casos, haverá também um limite no nível de concentração de cloretos e talvez de nitratos.
3. Por camião-cisterna para locais de tratamento alternativos.

Devido à atenção crescente que está a ser dada à melhoria da estabilização dos resíduos através da recirculação dos lixiviados para reduzir o tempo necessário para a degradação dos resíduos, melhorar a qualidade dos lixiviados e aumentar a taxa de produção de gás, foram desenvolvidos sistemas de aterros com biorreactores (como uma modificação dos aterros convencionais com a adição da recirculação dos lixiviados) para minimizar os impactos ambientais através da otimização da degradação dos resíduos.

1.2 Lixiviados

Os lixiviados são os efluentes aquosos gerados em consequência da percolação da água da chuva através dos resíduos, dos processos bioquímicos nas células dos resíduos e do teor de água inerente aos próprios resíduos. Os lixiviados podem conter grandes quantidades de matéria orgânica (biodegradável, mas também refractária à biodegradação), em que os constituintes de tipo húmico formam um grupo importante, bem como amoníaco - azoto, metais pesados, sais orgânicos e inorgânicos clorados. A remoção de material orgânico com base na carência química de oxigénio (CQO), na carência biológica de oxigénio (CBO) e no amónio do lixiviado é o pré-requisito habitual antes da descarga dos lixiviados em águas naturais. É o processo mais utilizado no tratamento de RSU em muitos países como França, Estados Unidos, Canadá, Noruega, Reino Unido, Espanha e Itália, pelo que o depósito em aterro continua a ser o principal modo de eliminação de resíduos.

A fim de reduzir o impacto ambiental negativo associado aos aterros, a diretiva relativa aos aterros adoptada pela UE exige que a quantidade de RSU biodegradáveis depositados em aterros seja reduzida em 25% até 2002, 50% até 2005 e 75% até 2010 (Conselho da União Europeia, 1999).

1.3 Caraterísticas dos lixiviados

As caraterísticas dos lixiviados de aterros podem ser representadas por parâmetros básicos como a CQO, a CBO, a relação CBO/CQO, o PH, os sólidos suspensos (SS), o azoto amoniacal (NH3-N), o azoto total de Kjeldahl (TKN) e os metais pesados. A caraterização dos lixiviados dos aterros é importante para um tratamento ótimo dos lixiviados, a fim de reduzir totalmente o impacto negativo no ambiente, o que constitui o desafio atual. No entanto, a complexidade da composição dos lixiviados torna muito difícil a formulação de recomendações gerais para o tratamento. As variações nos lixiviados, em particular, a sua variação ao longo do tempo e de local para local significa que o tratamento mais adequado deve ser simples, universal e adaptável.

A composição dos lixiviados depende muito das caraterísticas dos resíduos e das condições locais. Nos países em desenvolvimento, os lixiviados têm um elevado teor de matéria orgânica e, frequentemente, uma elevada concentração de amoníaco. Devido a este facto, as estações de tratamento de lixiviados utilizadas nos países desenvolvidos podem ser inadequadas às condições dos países em desenvolvimento (L. Borzacconi, et al).

1.4 Factores que afectam a composição do lixiviado

- Composição dos resíduos: A natureza da fração orgânica dos resíduos influencia consideravelmente a decomposição dos resíduos no aterro.
- PH: Afecta os processos químicos que são a base da transferência de massa no sistema de lixiviados de resíduos, como as reacções de precipitação, dissolução, redox e sorção.
- Potencial redox: As condições redutoras, correspondentes à segunda e terceira fases da degradação anaeróbia, influenciarão a solubilidade dos nutrientes e metais no lixiviado.
- Idade do aterro: As variações na composição do lixiviado e na quantidade de poluentes removidos das águas residuais são frequentemente atribuídas à idade do aterro, definida como o tempo medido desde o primeiro aparecimento do lixiviado.

1.5 Teor de CQO do lixiviado

O oxigénio absorvido por uma amostra de resíduos de dicromato de potássio após 2 ou 3 horas de refluxo com ácido sulfúrico concentrado é conhecido como carência química de oxigénio.

As limitações do teste de CBO, especialmente os longos períodos entre a recolha da amostra e a obtenção do resultado, levaram ao desenvolvimento de testes químicos para avaliar a carência de oxigénio de um resíduo. No entanto, como o processo de oxidação é totalmente diferente do de um sistema biológico, a carência de oxigénio avaliada quimicamente não tem uma relação direta com a carência de oxigénio que exerce sobre o processo de depuração natural de um curso de água. As substâncias orgânicas que são oxidadas quimicamente não são biodegradáveis e vice-versa. Assim, quase todas as substâncias orgânicas são quase completamente oxidadas neste processo, com exceção de certos compostos aromáticos como a piridina, o benzeno e o tolueno. O valor de CQO dá assim uma medida do conteúdo orgânico total de um resíduo, quer este seja ou não biodegradável. Assim, o rácio CBO/CQO é um indicador da proporção de materiais orgânicos presentes que são biodegradáveis, mas apenas por via anaeróbia, pelo que não contribuem para a determinação da CBO.

Os agentes oxidantes mais utilizados são o permanganato ácido de potássio, o dicromato ácido de potássio e o oxigénio a altas temperaturas.

Os processos biológicos são eficazes para lixiviados recentes que contêm principalmente ácidos gordos voláteis, mas menos para lixiviados estabilizados. Em muitos casos, os lixiviados estabilizados da fase biológica ainda apresentam valores elevados de CQO (500-1500 mg O2 /L) porque a fração fulvica de 500-1000 - peso molecular (MW) aumenta com a idade do aterro (Chian, 1977) e após o tratamento biológico (Mejbri et al., 1995). Isto deve-se ao facto de os lixiviados estabilizados terem uma carga de CQO mais baixa do que os lixiviados de partes recentes, mas conterem uma maior concentração de matéria orgânica refractária (D. Trebouet et al, 2000). Taxas de carga orgânica de 3 a 22 kg de CQO /m^3 /d, com eficiências de remoção de CQO de 68-97% e TRH entre 1,5 e 2,6 dias, foram relatadas anteriormente para experiências de tratamento anaeróbio de lixiviados à escala laboratorial e piloto (L. Borzacconi et al, 1999) O valor de CQO dos lixiviados pode ser efetivamente avaliado utilizando a osmose inversa ou a nanofiltração.

1.6 RELAÇÃO CBO/CQO

De acordo com as experiências realizadas por J Bohdziewicz et al, o rácio CBO5/CQO para todas as amostras investigadas tinha um valor muito baixo e oscilava entre 0,1 e 0,4, o que significa que o lixiviado era resistente à biodegradação e que os contaminantes não podem ser facilmente neutralizados utilizando o método das lamas activadas.

1.7 CARBONO ORGÂNICO TOTAL (TOC)

Trata-se de uma medida do CO2 produzido pela oxidação do material carbonáceo presente num resíduo. O carbono inorgânico, como os carbonatos, pode ser removido antes da oxidação ou medido separadamente utilizando um catalisador ácido a 150°C e depois subtraído do resultado total. Embora o carbono orgânico seja a principal fonte de carência de oxigénio, não é de modo algum a única.

1.8 AMONÍACO - AZOTO

O teor de NH3-N é muito importante na caraterização dos lixiviados, uma vez que a maioria dos lixiviados produz um elevado teor de azoto amoniacal. Entre todas as substâncias tóxicas presentes nos lixiviados de aterros, o NH3-N foi identificado como um dos principais tóxicos para os organismos aquáticos. Com uma concentração superior a 100mg/l, o NH3-N não tratado pode estimular o crescimento de algas, inibir a nitrificação e até ter efeitos tóxicos nos organismos vivos (A. Uygur et al, 2004).

O ajuste do PH do lixiviado para condições ácidas (PH 6,0) deslocou o equilíbrio do amoníaco da fase gasosa para a fase líquida, resultando numa maior remoção de NH3-N do lixiviado, como se mostra abaixo:

$NH3(g) + H^+ (aq) = NH4^+ (aq)$ (G.Y.S. Chan et al, 2007)

1.9 POTENCIAL BIOQUÍMICO DE METANO (BMP)

O potencial bioquímico de metano (BMP), tal como o nome sugere, é uma medida da capacidade de produção de gás metano a partir da digestão anaeróbia do lixiviado. A vantagem significativa do tratamento anaeróbio do lixiviado em relação a todos os outros métodos baseia-se no processo de geração de energia (em termos de produção de metano) dos digestores anaeróbios.

O BMP é também uma medida da biodegradabilidade do lixiviado, uma vez que uma evolução elevada e contínua do gás metano dá uma indicação de uma decomposição em curso.

O aumento da temperatura de pré-tratamento da turfa alcalina aumentou a degradabilidade dos produtos, levando a uma maior produção de metano e, por conseguinte, aumentando o valor BMP (D.C. Stuckey et al. 1978).

A estratégia de tratamento adequada depende de critérios importantes:

- A qualidade inicial do lixiviado: CQO, CQO/CQO e idade do aterro. O conhecimento destes elementos pode ajudar a selecionar processos de tratamento adequados para a redução da matéria orgânica presente no lixiviado
- Os requisitos finais são dados pelas normas locais de descarga de água (S. Renou et al, 2007).

O tratamento de lixiviados de aterros sanitários centra-se normalmente na remoção da matéria orgânica e do azoto, sendo dada pouca atenção às alterações da toxicidade durante o tratamento. Têm sido aplicados métodos biológicos e físico-químicos para remover a carência química de oxigénio (CQO) e o azoto amoniacal dos lixiviados de aterros sanitários. O volume e as caraterísticas do lixiviado e os limites de descarga do efluente afectam a aplicabilidade de um processo em casos particulares.

Em geral, os processos biológicos são preferidos para o tratamento de lixiviados com elevada biodegradabilidade. Vários métodos físico-químicos, incluindo a adsorção, a precipitação, a oxidação, a evaporação e a filtração por membrana, têm sido aplicados para remover a CQO dos lixiviados. A filtração por membrana produz normalmente efluentes de elevada qualidade utilizando a osmose inversa, mas é muito dispendiosa. No entanto, Trebouet et al (1999) demonstraram que é possível obter elevadas remoções de poluentes utilizando a nanofiltração, especialmente no caso de lixiviados antigos. A nanofiltração pode funcionar a pressões mais baixas do que a osmose inversa e, por conseguinte, tem custos de funcionamento mais baixos e menos incrustações nas membranas. O lixiviado tem de ser tratado antes de ser descarregado para aumentar a estabilidade do lixiviado (Landfill Leachate Treatment por A.H. Robinson).

Devido à sua fiabilidade, simplicidade e eficácia em termos de custos, o tratamento biológico é normalmente utilizado para a remoção da maior parte dos lixiviados que contêm concentrações elevadas de CBO no tratamento de lixiviados jovens biodegradáveis. As técnicas biológicas podem produzir um desempenho de tratamento razoável no que respeita à CQO, ao NH3-N e aos metais pesados. No entanto, ao tratar lixiviados estabilizados (menos biodegradáveis), o tratamento biológico pode não conseguir atingir os níveis máximos de CQO permitidos para descarga direta ou indireta devido às caraterísticas recalcitrantes do carbono orgânico no lixiviado (valores de CQO de 1000-4000mg/litro e uma relação CBO5-CQO > 0,3 (T.H Christensen et al pp 198-199). O tratamento biológico de lixiviados antigos centra-se principalmente na redução do azoto.

Consequentemente, a procura de outras tecnologias eficazes e eficientes para o tratamento de lixiviados de aterros estabilizados tem-se intensificado nos últimos anos.

Os métodos físico-químicos têm-se revelado adequados, não só para a remoção de substâncias refractárias de lixiviados estabilizados, mas também como um passo de refinação para lixiviados tratados biologicamente.

1.91 Tratamentos físico-químicos para lixiviados de aterros estabilizados

1.911 Coagulação-Floculação

O processo de coagulação desestabiliza as partículas coloidais através da adição de um coagulante para aumentar o tamanho da partícula. À coagulação segue-se a floculação das partículas instáveis em flóculos volumosos para que possam assentar mais facilmente; esta técnica facilita a remoção de sólidos em suspensão e de partículas coloidais de uma solução. Em geral, verificou-se que as técnicas de coagulação-floculação utilizando $FECl_3$ são eficazes para a remoção de compostos orgânicos e metais pesados. Os resultados demonstraram a eficácia da precipitação a pH básico (T. A. Kurniawan et al, 2006). Quando comparado com o alúmen, com doses semelhantes (0,035mol/l de Fe ou Al) e uma concentração inicial de CQO de 4100mg/l, verificou-se que o cloreto férrico permite uma maior remoção de compostos orgânicos (55%) do que o alúmen (42%) (Amokrane et al, 1997).

A matéria orgânica no lixiviado estabilizado após a coagulação é constituída principalmente por compostos de baixo peso molecular (D.trebouet et al). A coagulação do lixiviado estabilizado com FeCl3 elimina todos os compostos de elevado peso molecular (HMW) (>5000g/mol) mas não retém os compostos de peso molecular inferior (LMW). (Chian, 1977)

Para melhorar a remoção da CQO do lixiviado, a cal pode ser utilizada como coagulante. O inconveniente desta técnica é o elevado custo operacional devido ao elevado consumo de produtos químicos, a sensibilidade do processo ao PH e a produção de lamas. O gradiente de velocidade, o tempo de sedimentação e o pH desempenham um papel importante no aumento da probabilidade de sedimentação das partículas coloidais.

1.912 Precipitação química

Esta técnica tem sido utilizada para a remoção de compostos orgânicos não biodegradáveis NH3-N e metais pesados de lixiviados de aterros sanitários. Durante a precipitação química, os iões dissolvidos na solução são convertidos na fase sólida insolúvel através de reacções químicas. As desvantagens da precipitação química incluem a elevada dose de precipitante necessária, a sensibilidade do processo empregue ao PH, a geração de lamas e a necessidade de eliminação posterior das lamas.

1.913 Decapagem por amoníaco

Devido à sua eficácia, a remoção de amoníaco é o tratamento mais utilizado para a remoção de NH3-N de lixiviados de aterros. Antes do tratamento anaeróbio, o lixiviado de aterro contendo NH3-N e a fase de ar podem interagir num fluxo em contracorrente numa torre de remoção. No seu conjunto, a remoção de amónio proporciona um desempenho de tratamento de NH3-N na ordem dos 85%-95% com concentrações que variam entre 220-3268mg/L.

A principal desvantagem deste processo é o impacto ambiental devido à libertação de gás NH3 para a atmosfera.

1.914 Adsorção com carvão ativado

Entre as técnicas de tratamento acima referidas, a adsorção por carvão ativado é a mais utilizada para a remoção de matéria orgânica recalcitrante de lixiviados de aterros. Trata-se basicamente de um processo de transferência de massa em que uma substância é transferida de uma fase líquida para uma fase sólida e fica ligada por interações físicas ou químicas. Devido às suas propriedades inerentes, que incluem uma grande área de superfície, uma estrutura microporosa, uma elevada capacidade de adsorção e uma reatividade superficial, a adsorção com carvão ativado granular (CAG) ou carvão ativado em pó (CAP) tem merecido uma atenção considerável para a remoção de poluentes orgânicos e inorgânicos de águas residuais contaminadas.

Na Grécia, a adsorção de compostos orgânicos do lixiviado estabilizado foi estudada utilizando carvão ativado, variando a dose de 0,2 a 10 g/l. Cerca de 955 bacalhaus foram removidos com 6 g/l de carvão ativado. Verificou-se que a isotérmica de Freundlich é aplicável ao equilíbrio de adsorção, sugerindo assim que ocorreu uma adsorção multicamada na superfície do CAP.

Para além do CAG ou do CAP, materiais não convencionais disponíveis localmente em grandes quantidades, tais como resíduos agrícolas ou subprodutos industriais, podem ser quimicamente modificados e utilizados como adsorventes de baixo custo. Estes poderiam constituir uma alternativa mais barata ao carvão ativado comercial. (T.A.Kurniawan, 2006)

Em geral, o carvão ativado é eficaz na remoção de compostos não biodegradáveis do lixiviado, mas não de NH3-N. Mais de 90% da CQO foi removida, variando a sua concentração entre 940-7000mg/l. As experiências à escala laboratorial mostraram que o carvão ativado eliminaria os compostos remanescentes após o tratamento biológico e a coagulação-floculação (Millot, 1986). No entanto, a necessidade de regeneração constante da coluna de carvão ativado e o elevado custo do CAG podem limitar a sua aplicação no tratamento de lixiviados de aterros sanitários nos países em desenvolvimento.

1.915 Adsorção em coluna contínua

À medida que o fluxo de água contaminada passa através de um leito confinado de carvão ativado, desenvolve-se uma condição dinâmica que estabelece uma zona de contaminação por transferência de massa. Esta zona de transferência de massa é definida como a profundidade do leito de carbono necessária para reduzir a concentração de contaminantes do valor inicial para o valor final. À medida que a zona de transferência de massa se move através de um leito de carbono e atinge o seu limite de saída, a contaminação começa a aparecer no efluente. Esta condição é classificada como breakthrough, e a quantidade de material adsorvido é considerada a capacidade de break through. Se o leito continuar a ser exposto ao fluxo de água, a zona de transferência de massa passará completamente através do leito e o nível de contaminação do efluente será igual ao do afluente. Nessa altura, é atingida a capacidade de saturação. A capacidade saturada é a que é representada pela isotérmica.

1.916 Filtração por membrana

Estes processos exploram as propriedades semi - impermeáveis de certas membranas, que se caracterizam pela permeabilidade à água e a certos solutos, mas pela impermeabilidade a outros solutos e a partículas. Essencialmente, estão envolvidos dois processos: a ultrafiltração e a osmose inversa. Alguma microfiltração é considerada como um processo de membrana, embora não se baseie numa membrana semi-impermeável.

1.917 Ultrafiltração (UF)

Devido às propriedades únicas entre as membranas de ultrafiltração (UF) e de osmose inversa (RO), a UF encontrou um lugar na remoção de compostos orgânicos recalcitrantes e metais pesados de lixiviados de aterros sanitários. Este processo de tratamento tem a capacidade de remover partículas com uma gama de peso molecular de 10 000-100 000, bem como substâncias inorgânicas através de interações electrostáticas entre os iões e as membranas. A importância desta membrana reside nas suas cargas superficiais que permitem a rejeição de solutos carregados mais pequenos do que os poros da membrana, juntamente com solutos neutros e sais maiores.

1.918 Osmose inversa

Com elevados fluxos e a capacidade de funcionar numa vasta gama de temperaturas e de pH, a osmose inversa (OR) é outra alternativa de tratamento físico-químico para lixiviados estabilizados. Na OR, qualquer solvente que contenha catiões metálicos passa através de uma membrana de forma a reduzir as concentrações de metais. Com uma taxa de rejeição de 98%-99% para contaminantes orgânicos e inorgânicos, a OR pode ser utilizada para a remoção de metais pesados, materiais em suspensão e sólidos dissolvidos de lixiviados de aterros sanitários. Apesar das suas vantagens, as desvantagens da OR incluem a baixa retenção de pequenas moléculas que passam através da membrana e a incrustação da membrana. Outra grande limitação é o elevado consumo de energia. Por definição, as instalações de OR têm de funcionar a pressões elevadas para ultrapassar a pressão osmótica dos líquidos que estão a ser concentrados. Por exemplo, se uma solução salina tiver uma pressão osmótica de 18 bar e a pressão do sistema for de 30 bar, então a pressão de filtração líquida para o processo é de 30-18 bar, ou seja, 12 bar. No entanto, a pressão osmótica é diretamente proporcional à salinidade do líquido; à medida que a concentração dos sais combinados aumenta (que é o que acontece quando o concentrado de OR é devolvido ao aterro), a pressão osmótica aumenta em conformidade.

Se as condições da instalação do processo de OR se mantiverem constantes, isto criará uma redução global na pressão de filtração líquida, o que resultará num caudal de permeado inferior. Por conseguinte, para obter o mesmo caudal original, a instalação de OR terá de funcionar a uma pressão mais elevada (mais energia e investimento, se for necessária uma bomba maior) ou terá de ser instalada uma superfície de membrana adicional. Com a diminuição do PH, a carga superficial da membrana torna-se menos negativa, enquanto as substâncias húmicas são mais protonadas, tornando-se assim mais hidrofílicas. Consequentemente, a atração eletrostática entre as substâncias húmicas e a superfície da membrana aumenta, provocando uma maior remoção da CQO do lixiviado (Gilbert Y, S Chan et al. 2005).

1.919 Resina de permuta iónica

Trata-se de uma troca reversível de iões entre as fases sólida e líquida, sem que haja uma alteração permanente da estrutura do sólido. Os lixiviados devem ser tratados biologicamente antes da aplicação da permuta iónica. É altamente eficaz para a remoção de compostos não biodegradáveis que contenham substâncias húmicas. Num estudo realizado por Rodriguez et al, a remoção de substâncias húmicas de lixiviados estabilizados foi avaliada utilizando resinas de permuta iónica, tais como Amberlite XAD-8, XAD-4 e Amberlite IR-120, e adsorção de carvão ativado granular. Verificou-se que o carvão ativado granular conseguiu a maior remoção de CQO (93%), seguido de Amberlite XAD-8 (53%), XAD-4 (46%) e IR-120 (31%) a uma concentração inicial de CQO de 5108mg/l (T.A. Kurniawan et al, 2006).

1.110 APLICAÇÃO DE MEMBRANAS

A aplicação da tecnologia de biorreactores de membrana para o tratamento de lixiviados de aterros sanitários não é nova. De facto, de um ponto de vista ambiental, a aplicação da tecnologia é considerada um processo superior em comparação com as actuais técnicas de eliminação de lixiviados atualmente disponíveis. É a forma de tratamento mais rentável para níveis elevados de CQO, CBO e amoníaco em oxidação biológica intensa e o reator biológico submerso (SBR) é a tecnologia mais utilizada. As instalações tradicionais de lamas activadas utilizam um tanque aeróbio/biológico seguido de uma câmara de decantação. A separação das lamas/sólidos é efectuada por sedimentação gravitacional, em que os sólidos se depositam no fundo do recipiente. O líquido sobrenadante é removido como um lixiviado limpo e tratado e os sólidos restantes são reciclados para o tanque aeróbio/biológico para reutilização.

O SBR combina este processo num único tanque unitário. O lixiviado bruto é introduzido no reator e a fase biológica arejada é programada para funcionar durante um período específico. Depois disso, o sistema de arejamento é desligado e os sólidos são deixados a assentar no fundo do reator. O sobrenadante é removido e descarregado no esgoto ou no curso de água, e o ciclo recomeça com um novo lote de lixiviado bruto. Quando necessário, uma parte dos sólidos suspensos será removida como lamas em excesso. A diferença fundamental entre um SBR e um processo tradicional de lamas activadas/assentamento é que a degradação biológica e o assentamento de sólidos são realizados no mesmo tanque. No entanto, o SBR tem os seus aspectos negativos, que podem ser ultrapassados com a incorporação da tecnologia de membranas.

No SBR, foi conseguida uma redução dos sólidos suspensos até 89%, da CBO7 até 94%, do azoto amoniacal até 99,5% e do fósforo até 82%, em comparação com as concentrações na alimentação. No biorreactor de membrana (MBR), a redução de sólidos suspensos foi superior a 90%, a de CBO7 e a de azoto amoniacal superior a 97% e a de fósforo superior a 88% (Niina Laitinen et al).

1.111 Incrustações na membrana

Um dos factores que afectam a filtrabilidade é a incrustação da parede da membrana das lamas. O que é crítico é a relação entre as três linhas de filtrabilidade. É evidente que as lamas de esgotos domésticos são mais fáceis de filtrar do que as lamas industriais. O lixiviado de aterro é claramente o mais difícil de filtrar. As lamas domésticas ou municipais têm um fator de incrustação relativamente baixo, pelo que são adequadas para serem tratadas por um sistema MBR submerso. Infelizmente, o mesmo não se aplica aos sistemas MBR que tratam efluentes industriais ou lixiviados de aterros sanitários.

CAPÍTULO 2

2.0 PRINCÍPIOS DO TRATAMENTO ANAERÓBIO

Recomenda-se uma fase anaeróbia seguida de uma fase aeróbia para o tratamento de lixiviados com elevado teor de matéria orgânica. Neste processo, a sequência (uma importante redução de carga) é alcançada na primeira fase, gerando menos lamas e exigindo menos energia do que o tratamento aeróbio simples. A fase aeróbia final serve de pós-tratamento para melhorar a qualidade do efluente final. O lixiviado é composto por grandes quantidades de compostos orgânicos e inorgânicos, cuja concentração depende da idade do aterro. Os compostos orgânicos estão normalmente presentes nos resíduos frescos. As sucessivas fases de biodegradação durante a deposição dos resíduos provocam uma redução da CBO e da CQO, e as únicas substâncias que permanecem no lixiviado são compostos pouco biodegradáveis.

A CQO e a CBO podem variar consoante a idade do aterro: 23800mg/dm^3 (resíduos frescos), 1160 mg/dm^3 (resíduos velhos) e 11900mg/dm^3 , 260mg/dm^3 , respetivamente (Michal Bodzek et al). Além disso, o lixiviado contém concentrações elevadas de sais inorgânicos (carbonatos de cloreto de sódio). Vários investigadores indicam que as substâncias de tipo húmico constituem um grupo importante da matéria orgânica dos lixiviados. Estas substâncias podem ser comparadas com as substâncias húmicas da matéria orgânica natural em ambientes aquáticos. As substâncias húmicas são macromoléculas aniónicas refractárias de peso molecular moderado (1000Da MW - ácidos fúlvicos) a elevado (10000Da MW - ácidos húmicos). Estas substâncias húmicas contêm componentes aromáticos e alifáticos com grupos funcionais principalmente carboxílicos e fenólicos. Os grupos funcionais carboxílicos representam 60%-90% de todos os grupos funcionais (Hong e Elimelech, 1997). Na maioria dos casos, o primeiro passo das plantas é um processo biológico para a remoção do amoníaco. Os processos biológicos de remoção de CQO e CBO5 são eficazes para lixiviados recentes que contêm principalmente ácidos gordos voláteis, mas menos para lixiviados estabilizados. Em muitos casos, os lixiviados estabilizados da fase biológica ainda apresentam valores elevados de CQO (500-1500mg O2/l) porque a fração fulvica de peso molecular 500-1000 aumenta com a idade do aterro (Chian, 1977) e após um tratamento biológico (Mejbri et al., 1995).

Todos os tratamentos biológicos anaeróbios envolvem a utilização de uma infinidade de bactérias e baseiam-se numa série de reacções, a mais lenta das quais determinará o fator de segurança global para esse sistema. Um fator de controlo atualmente aceite é o de que cerca de dois terços do metano produzido num reator anaeróbio que recebe substâncias orgânicas complexas é derivado do acetato, enquanto o restante é derivado do H2 e do CO_2. Os consórcios microbianos activos no tratamento aeróbio executam uma série de processos que envolvem muitas classes de bactérias e várias etapas intermédias. Se o substrato for constituído por compostos orgânicos complexos, estes devem ser primeiro hidrolisados em compostos orgânicos mais simples, após o que são fermentados em ácidos voláteis pelos acidogéneos. Os ácidos voláteis com mais de (2) dois carbonos são então convertidos em acetato e gás H2 pelos acetogénios obrigatórios produtores de hidrogénio. Finalmente, o acetato e o gás H2 são convertidos em CH_4 pelos metanogénios.

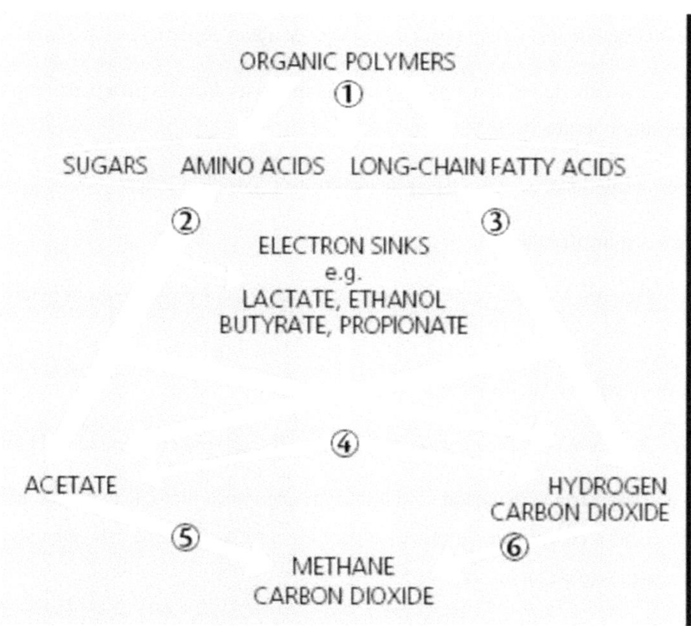

Fig. 2

2.11 Caraterísticas positivas da biotecnologia anaeróbia

- Garantia de estabilidade do processo
- Redução dos custos de eliminação da biomassa residual
- Redução das necessidades de espaço imediato
- Conservação de energia, assegurando benefícios ecológicos e ambientais
- Eliminação da poluição atmosférica por gases
- Evitar a formação de espuma com águas residuais de tensioactivos

- Biodegradação de produtos não biodegradáveis aeróbios
- Redução dos níveis de toxicidade dos orgânicos clorados
- Prestação de tratamento sazonal

2.12 Possíveis desvantagens

- Necessidade de um longo período de arranque para o desenvolvimento do inventário da biomassa
- Qualidade do efluente insuficiente para a descarga de águas superficiais em alguns casos
- Produção insuficiente de metano a partir de águas residuais diluídas para permitir o aquecimento até à temperatura óptima de 35°C
- Produção de sulfuretos e odores a partir de matérias-primas de sulfatos
- Não é possível a nitrificação
- Maior toxicidade dos alifáticos clorados para os metanogénios do que para os heterótrofos aeróbios
- Baixas taxas cinéticas a baixas temperaturas
- É necessária uma concentração elevada de NH4 (40-70mg/l) para a atividade da biomassa.

O sucesso do processo está relacionado com o fator de segurança biológica incorporado no sistema, que é definido como a capacidade do processo para cumprir a norma de efluentes-alvo ou como o metabolismo satisfatório da biomassa.

2.2 Requisitos para um tratamento anaeróbio ótimo

Para que os microrganismos funcionem de forma eficaz e eficiente, devem ser satisfeitas as seguintes condições

2.21 PH correto

- A maioria dos microrganismos funciona de forma óptima com um pH entre 6,5 e 8,2. No entanto, a ação microbiana é capaz de alterar eficazmente o pH da matéria-prima, pelo que não é necessário tentar neutralizar as próprias águas residuais.

2.22 Disponibilidade/ Adequação de nutrientes

A temperatura afecta os sistemas microbianos de várias formas, desde o controlo da taxa metabólica aos equilíbrios de ionização, à solubilidade das gorduras dos substratos e até à biodisponibilidade do ferro. A metanogénese ocorre a temperaturas de 4-100^{0} C. As operações dos microrganismos são estratificadas de acordo com a sua tolerância à temperatura em temperaturas mesofílicas (35°C) ou termofílicas (55°).

2.23 Toxicidade Alojamento

Os processos anaeróbios podem acomodar a toxicidade de várias formas nas águas residuais industriais e até biodegradar certos tóxicos. Muitos tóxicos são biodegradáveis em condições anaeróbias. O potencial de aclimatação da biomassa anaeróbia a muitos tóxicos pode ser realizado se a biomassa for exposta a uma concentração relativamente baixa antes de aumentar a concentração. Isto assegura que a aclimatação da biomassa se desenvolva em condições favoráveis e também que a concentração do tóxico biodegradável no reator seja inferior à das águas residuais em questão.

2.24 Plastificantes

Os plastificantes são materiais poliméricos de interesse no estudo da toxicidade para a biomassa anaeróbia. Têm uma composição química, formas físicas, propriedades mecânicas e aplicações muito específicas. A elevada versatilidade das ligações carbono/carbono e carbono/não-carbono (C-C, C- R e C-H) e dos grupos substituintes, as configurações possíveis, a estereoquímica e a orientação fornecem a base para variações das estruturas químicas e da estereoquímica ([Odian 1991]).

Variações muito pequenas nas estruturas químicas podem resultar em grandes diferenças em termos de biodegradabilidade. Devido a esta versatilidade estrutural, são amplamente utilizados em embalagens de produtos, isolamento, componentes estruturais, revestimentos de proteção, implantes médicos, veículos de administração de medicamentos, cápsulas de libertação lenta, isolamento eletrónico, telecomunicações, aviação e indústrias espaciais, equipamento desportivo e recreativo, consolidantes de edifícios, etc. Em serviço, estão constantemente expostos a uma série de condições naturais e artificiais que envolvem frequentemente contaminação microbiana, resultando em envelhecimento, desintegração e deterioração ao longo do tempo ([Lemaire 1992]; [Pitt 1992. C.G. Pitt, Non-microbial degradation of polyesters: mechanisms and modifications. In: M. Vert, J. Feijen, A. Albertsson, G. Scott and E. Chiellini, Editors, Biodegradable Polymers and Plastics, Royal Society of Chemistry, Redwood Press, Melksham, Wiltshire, England (1992), pp. 7-17.Pitt

1992]).

Os polímeros são substratos potenciais para microrganismos heterotróficos, incluindo bactérias e fungos. A biodegradabilidade dos polímeros depende do peso molecular, das formas cristalinas e físicas ([Gu 2000b]). Geralmente, um aumento do peso molecular resulta numa diminuição da degradabilidade do polímero pelos microrganismos. Em contrapartida, os monómeros, dímeros e oligómeros das unidades de repetição de um polímero são muito mais facilmente degradados e mineralizados. Pesos moleculares elevados resultam numa diminuição acentuada da solubilidade, o que os torna desfavoráveis ao ataque microbiano, uma vez que as bactérias exigem que o substrato seja assimilado através da membrana celular e depois degradado por enzimas celulares. No entanto, deve ser salientado que processos abiológicos e biológicos simultâneos podem facilitar a degradação de polímeros.

2.25 Tempo de Metabolismo Adequado

O tempo de retenção hidráulica (TRH) define o tempo concedido aos micróbios para realizarem a sua tarefa, enquanto o tempo de retenção sólida (TRS) determina quais os organismos que podem reproduzir-se e predominar no sistema, bem como o inventário de biomassa que pode ser mantido.

2.26 Fonte de carbono para síntese

Para a maioria das sínteses anaeróbias constituídas por heterótrofos, a sua fonte de carbono provém dos elementos orgânicos da matéria-prima, enquanto que para os autótrofos que convertem H_2 em metano, a sua fonte de carbono pode ser o CO dissolvido$_2$ no reator.

2.27 Dador de electrões

O dador de electrões que fornece energia para a atividade da biomassa é o poluente orgânico presente na matéria-prima - a CQO biodegradável.

2.28 Aceitador de electrões

Os sistemas anaeróbios funcionam na ausência de oxigénio e utilizam CO2 ou sulfato como aceptores de electrões. A redução do CO2 resulta na produção de CH4, enquanto a redução do sulfato resulta na produção de H2S.

2.3 Produtos orgânicos biodegradáveis

O termo "degradação" tem sido utilizado de forma muito liberal e com diferentes significados por diferentes disciplinas científicas, desde o desaparecimento de compostos, passando pela determinação positiva de produtos finais (por exemplo, recolha de CO_2 gerado pela degradação de compostos marcados) até à revelação de vias de degradação reais, compostos intermédios e espécies bacterianas activas. As experiências de degradação são concebidas de acordo com objectivos específicos. Por exemplo, determinar a degradabilidade de um composto em determinadas condições redox, determinar a capacidade da população microbiana atual para degradar um composto específico ou determinar as taxas de degradação reais.

As substâncias orgânicas biodegradáveis são compostas principalmente por proteínas, hidratos de carbono e gorduras e são mais frequentemente medidas em termos de CBO e CQO. Se forem descarregados sem tratamento no ambiente, a estabilização biológica destes materiais pode levar ao esgotamento dos recursos naturais de O_2 e ao desenvolvimento de condições sépticas. Dada a importância da procura de O_2 no potencial das águas residuais, foram desenvolvidas várias técnicas ao longo dos anos. Entre as técnicas habitualmente utilizadas contam-se os testes da procura biológica de O_2 CBO, da procura química de O_2 e do carbono orgânico total (COT). O teste de CQO é um procedimento de reator descontínuo em que os micróbios são normalmente autorizados a degradar a matéria orgânica na amostra durante um período de 5 dias (CBO5) a 20°C, anotando o volume de amostra colocado no reator (garrafa de CBO) e determinando a quantidade de oxigénio utilizada na garrafa durante o período de 5 dias.

A CBO dos resíduos pode ser calculada. A CBO de uma amostra situa-se geralmente entre 60%-70% da procura total de carbono ou CBO final (CBO_L).

- Ensaio de CQO: Coloca-se uma amostra de água residual num balão contendo ácido crómico, um forte agente oxidante. Após refluxo da mistura oxidante da amostra num queimador durante duas horas, a mistura é removida e a quantidade de dicromato esgotada durante o ensaio é proporcional à CQO da amostra.
- TOC: É medido através da injeção de águas residuais num forno de alta temperatura onde a amostra é incinerada em condições aeróbicas. O CO2 que se forma no processo a partir do carbono orgânico da amostra é então medido por meio de espetroscopia de infravermelhos.

2.4 Relação entre a remoção de CQO e o tempo a diferentes temperaturas e sob diferentes condições de funcionamento.

Verificou-se que a adição de lamas de depuração digeridas teve um efeito benéfico na eficiência de remoção nos reactores incubados a 25°C; após 28 dias, foi alcançada uma remoção de 65% da

CQO, em comparação com 46%-50% nos reactores não semeados. Não foram observadas diferenças significativas na eficiência de remoção em nenhum dos reactores após 70 dias.

Quando se atingiu uma eficiência de remoção de aproximadamente 90% em reactores incubados a 10°C, a adição de lamas de depuração pareceu não ter um efeito importante. Pensou-se que tal se devia, em parte, à redução do metabolismo bacteriano provocada pelo choque térmico resultante da rápida redução da temperatura da matéria-prima do lixiviado das condições ambientais para as condições experimentais.

Além disso, os efeitos de inibição metabólica seriam mais evidentes a esta baixa temperatura experimental, onde a presença de um substrato orgânico adicional pode ter tido um efeito sinérgico. No reator a 10°C, foi alcançada uma remoção de CQO de 50% após cerca de 70 dias. Uma remoção de CQO superior a 80% foi observada após aproximadamente 170 dias. Ao contrário dos testes efectuados a 25°C, foi também indicada uma fase de atraso metabólico de até 40 dias a esta temperatura.

É possível que o efeito possa ter sido obscurecido a 25°C porque a taxa de reação foi mais rápida e a frequência de amostragem baixa. A 4°C não foi observada qualquer atividade bacteriana significativa nos reactores, tendo sido registada uma remoção máxima de CQO não superior a 12%. A estabilização do lixiviado foi considerada completa a 25°C após aproximadamente 80 dias com valores residuais de 90-1000mg CQO/litro e 350-400mg TOC/litro. Os ácidos voláteis totais (TV A) estavam completamente ausentes ao fim de 58 dias. A 10°C a estabilização foi alcançada mais lentamente, demorando cerca de 160-170 dias, a CQO e o COT residuais eram mais elevados do que a 25°C, embora os TVA estivessem novamente quase completamente ausentes. A estabilização não foi alcançada a 4°C, onde o substrato orgânico no licor sobrenadante mudou marginalmente.

O lixiviado utilizado para a análise acima referida foi obtido num aterro sanitário no sudeste de Inglaterra, situado numa parte desactivada de um poço de areia/cascalho. O local está revestido com uma membrana de polietileno e tem recebido resíduos domésticos e comerciais desde 1978.

CAPÍTULO 3

MÉTODOS EXPERIMENTAIS, PROCEDIMENTOS E MATERIAIS

3.1 Métodos analíticos

3.11 PH

O pH foi medido com um medidor de pH calibrado (Jenway, modelo 3020). Os valores obtidos tinham uma exatidão de ±0,02 unidades.

3.12 Sólidos Suspensos Totais e Sólidos Suspensos Voláteis

A medição dos Sólidos Suspensos Totais (SST) e dos Sólidos Suspensos Voláteis (SSV) foi adaptada dos procedimentos descritos na secção 2540-B e 2540-E do Standard Methods (APHA, 1999). Para determinar os SST, este método foi também modificado utilizando uma centrifugadora em vez do método de filtração.

Uma amostra de 5 ml foi centrifugada a 7000 Rpm durante 20 minutos (Biofuge Stratos, Heraeus Instruments) e o sobrenadante foi retirado do tubo de ensaio. A biomassa foi então ressuspensa em 5 ml de água destilada e centrifugada novamente. Entretanto, os pratos de alumínio vazios foram colocados num forno a 550 °C durante 1 hora. Depois de descartar o segundo sobrenadante, a biomassa lavada com 5 ml de água destilada foi adicionada ao prato pré-pesado e a fração líquida evaporou durante a noite numa estufa a 103-105 °C até o peso estabilizar. O peso resultante foi registado para a medição do TSS e, em seguida, o tabuleiro foi colocado num forno a 550 °C durante 1 hora. Para a medição do VSS, o peso final foi registado após a remoção do forno. Os cálculos foram efectuados como indicado no Standard Methods (APHA, 1999). O coeficiente de variação para (3) três amostras idênticas foi de 2%.

3.13 Composição do biogás

A composição do biogás foi determinada utilizando um GC-TCD Shimadzu equipado com uma coluna Porapak N (1500 x 6,35 mm). O gás de transporte foi o hélio, regulado para um caudal de 50 ml/min. As temperaturas da coluna, do detetor e do injetor foram de 28, 38 e 128 °C, respetivamente. As áreas dos picos foram calculadas e impressas num integrador Shimazdu Chromatopac C-R6A. A precisão dos gases de calibração foi de 5%. As amostras de 1 ml foram recolhidas com seringas de plástico de 1 ml (Terumo). O coeficiente de variação para (10) dez amostras idênticas foi de 2%.

3.2 MÉTODOS QUÍMICOS

3.21 Medição da CQO

A medição da CQO baseou-se no método colorimétrico de refluxo fechado padrão descrito na secção 5220-D do Standard Methods (APHA, 1999). A solução de digestão foi inicialmente preparada adicionando 10,216 g de K_2 Cr_2 O_7 (Merck), previamente seco durante a noite a 103 °C, 167 ml de H concentrado$_2$ SO_4 (Merck, UK) e 33,3 g de $HgSO_4$ (Merck, UK) em 500 ml de água destilada.

A mistura foi deixada arrefecer à temperatura ambiente antes de ser diluída para 1000 ml. Foram adicionadas amostras de 1 ml a um tubo de refluxo Hach, seguidas de 0,6 ml de solução de digestão. Em seguida, 1,4 ml de reagente de ácido sulfúrico (2,5% p/p de sulfato de prata em ácido sulfúrico) foram cuidadosamente introduzidos no interior do tubo, de modo a formar uma camada ácida sob a camada de amostra/solução de digestão. Os tubos foram hermeticamente fechados e invertidos três vezes para misturar corretamente. As misturas foram então submetidas a refluxo num reator de refluxo COD da HACH (modelo 45600) a 150 °C durante 2 horas.

Após arrefecimento, as amostras foram analisadas num espetrofotómetro de varrimento UV/VIS Shimadzu (modelo UV-2101/3101 PC) a um comprimento de onda de 600 nm. O hidrogenoftalato de potássio (KHP) (Merck, Reino Unido) foi utilizado para preparar soluções padrão na gama de 20-900 mg/l. O KHP tem uma CQO teórica de 1,176 mg O_2 /mg.

A CQO solúvel (SCOD) foi obtida centrifugando as amostras a 10.000 rpm durante 5 minutos (Biofuge Stratos, Heraeus Instruments) e depois a 13.000 rpm durante 20 minutos para assegurar uma filtração fácil através de um filtro de 0,45pm para remover material fino em suspensão e qualquer biomassa residual. O coeficiente de variação para dez amostras idênticas não ultrapassou os 7%.

A CQO total (TCOD) foi obtida tomando 1 ml de amostra e diluindo-a para 100 ml com água desionizada. Embora a amostra tenha sido misturada durante 1 minuto num misturador Waring de 1L, a presença de partículas em suspensão dificulta a recolha de amostras representativas. O coeficiente de variação para dez (10) amostras idênticas foi de 10%.

3.22 Testes de ultrafiltração

A amostra foi centrifugada (7000 rpm durante 20 minutos) e depois filtrada através de um filtro de 0,45pm antes de ser analisada quanto à CQO, às proteínas e aos hidratos de carbono. A distribuição do peso molecular (MWD) da CQO, das proteínas e dos hidratos de carbono foi determinada utilizando uma célula de ultrafiltração agitada (Série 8000, Modelo 8200, Amicon). Utilizaram-se duas membranas Diaflo (Amicon/Millipore) com cortes nominais de MW de 1.000 Da e 10.000 Da em modo paralelo. (Barker et al., 1999).

3.23 Ensaio de potencial bioquímico de metano

O ensaio foi efectuado utilizando as técnicas de meios e frascos de soro desenvolvidas por Owen et al. (1979). O gás utilizado para purgar os frascos de ensaio durante a preparação dos ensaios foi uma mistura de 70% de N_2 e 30% de CO_2 a um caudal de aproximadamente 0,5 litros.min^{-1} . Foram transferidos dois (2) ml de amostra, 14 ml de biomédia e 4 ml de biomassa para frascos de soro de 20 ml em condições anaeróbias, lavando continuamente os frascos com uma mistura de N_2 e CO_2 .

Cada frasco de soro foi então tapado com selos de Teflon à prova de fugas. O potencial de metano final foi medido pela quantidade de metano produzido (convertido para temperatura e pressão padrão) e dividido pela massa de sólidos voláteis adicionados. A produção de gás foi medida utilizando uma seringa de vidro e o gás foi depois desperdiçado, enquanto a composição do gás foi medida com o GC. Foram efectuadas amostras em duplicado e o coeficiente de variação no pior dos casos foi de ± 6%.

3.24 Cromatografia de exclusão de tamanhos (SEC)

Foram utilizadas duas configurações de coluna (uma coluna aquagel OH 30 (polymer labs) utilizada isoladamente ou em série com uma coluna aquagel OH 40 (polymer labs) num sistema de HPLC SHIMADZU (modelo 10a). Ambas as configurações utilizaram água desionizada (DIW) como eluente a um caudal de 1 ml/min.

A amostra era de 50 micro litros e as colunas foram mantidas à temperatura ambiente, tendo sido utilizados detectores de UV e de índice de refração (RI) para detetar os componentes separados. Foram utilizados padrões de óxido de polietileno não ramificado (PEO) (polymer labs) e polietilenoglicol (PEG) (polymer labs), pelo que os resultados obtidos foram citados em relação a estes compostos lineares.

Os compostos resultantes da hidrólise ácida de compostos orgânicos de elevado peso molecular foram separados utilizando um sistema de HPLC SHIMADZU equipado com uma coluna de exclusão iónica aminex hpx-87h (300 mm por 7,8 mm). O volume da amostra foi de 50 microlitros, a coluna foi mantida a 55^0 C, o eluente foi .01m H_2 SO_4 a um caudal de 0,7 ml/min, e o detetor UV foi regulado para 254nm.

3.3 METODOLOGIA

3.31 Estudos de adsorção em lote

3.32 Efeito do PH

A adsorção em lote foi realizada em três frascos de 25 ml que continham, respetivamente, 25 ml de efluente filtrado do SAMBR e 125 mg de carvão ativado em pó (CAP). O efeito do PH no processo de adsorção foi observado a PH 2, 7 e 12, respetivamente.

Vinte e quatro (24) gotas de HCl foram adicionadas ao efluente filtrado para o alterar de PH 8,02 para PH 2, quatro (4) gotas de HCl para PH 7 e depois vinte (20) gotas de NaOH para PH 12, antes da adição de PAC

Em seguida, deixou-se cair um agitador magnético em cada frasco e agitou-se vigorosamente com a tampa colocada antes de ser colocado num agitador para assegurar a saturação adequada do carbono com o efluente, à temperatura ambiente. As amostras iniciais foram recolhidas dos três frascos antes da adição do CAP, depois de uma (1) hora de agitação e finalmente após vinte e quatro (24) horas. As experiências foram efectuadas durante vinte e quatro (24) horas para garantir que o equilíbrio tinha sido atingido. Todas as amostras foram filtradas com um filtro de 45 microns antes da análise, a fim de minimizar a interferência dos finos de carbono na análise.

A concentração de substâncias orgânicas no efluente antes e depois da adsorção foi determinada utilizando um espetrofotómetro UV-vis de feixe duplo no seu comprimento de onda máximo de 600 nm.

3.33 Efeito da concentração

Para estudar o efeito da mudança de concentração na adsorção, a concentração de PAC no efluente foi variada utilizando concentrações de 1g/l, 5g/l e 10 g/l sem ajustar o PH da solução e a velocidade de agitação. O PH é mantido a PH 8 (PH inalterado do SAMBR). O processo é então efectuado como descrito acima para obter os valores de CQO para os vários valores de PH.

3.34 Desempenho de dois tipos diferentes de carvão ativado

O desempenho de dois tipos diferentes de carvão ativado PAC e GAC, nomeadamente SAE2 e PK-025, respetivamente (ambos da Norit carbons), foi estudado mantendo as condições de adsorção dos dois carvões activados semelhantes (PH8, concentração 10 g/l, temperatura ambiente e velocidade de agitação).

3.35 Efeito do carvão ativado em pó em várias fracções do efluente

O PAC SAE2 foi utilizado para estudar a adsorção de várias fracções do efluente. Foram adicionados 10 g/l deste PAC a várias fracções do efluente. O efluente foi separado em termos de pesos moleculares em menos de 50 kda, entre 10 e 50 kda, entre 1 e 10 kda, e menos de 1 kda.

A separação foi efectuada utilizando as dimensões adequadas dos poros das membranas, começando inicialmente com <1kda, 10Kda e 50 Kda, respetivamente. Foram então adicionados 10 g/l de PAC a estas várias fracções e as amostras foram recolhidas após 5 minutos, 15 minutos, 30 minutos, 1 hora e 24 horas.

3.36 Testes de coagulação / floculação

As experiências foram efectuadas num aparelho de ensaio de jarras equipado com seis copos de 25L de capacidade. Num processo de coagulação típico, a dosagem adequada de $FeCl_3$ foi adicionada diretamente a 25 ml de efluente enquanto se agitava a amostra inicial e, em seguida, após 1 hora e 24 horas. A amostra é então filtrada com uma membrana de 45 micrómetros e o sobrenadante é analisado em relação à CQO.

Para estudar o efeito do PH na coagulação de compostos orgânicos usando $FeCl_3$, o PH foi variado de 2, 7 e 12 respetivamente. 1g/l de $FeCl_3$ foi então adicionado ao efluente da amostra SAMBR. O PH foi alterado para PH ácido usando H2SO4 e NaOH para mudar para soluções alcalinas.

O efeito da alteração da concentração foi estudado utilizando várias concentrações de $FeCl_3$ 1g/l, 3g/l e 5g/l, respetivamente, a PH 5. As amostras foram filtradas antes de serem analisadas quanto à CQO.

O efeito de vários floculantes, tais como E24, MF10, LT31, MF333, MF42 e MF4240, também foi estudado como auxiliares de coagulação para reduzir o nível de CQO do efluente. Os seus efeitos foram estudados isoladamente e também quando adicionados após $FeCl_3$.

A cinética do $FeCl_3$ também foi estudada utilizando várias fracções do efluente, tal como foi feito no caso do PAC acima, e as amostras foram recolhidas após uma (1) hora e vinte e quatro (24) horas.

3.37 Resina de permuta iónica

Para estudar o efeito das resinas de permuta iónica XAD 7HP e XAD4 no fluxo de efluentes, foram adicionados 10g/l de XAD 7HP (500mg em frascos de 50ml) ao fluxo de efluentes a PH 2. A solução foi agitada continuamente durante vinte e quatro (24) horas e, em seguida, a amostra foi filtrada e medida quanto ao grau de remoção de CQO. Subsequentemente, 250 mg de XAD4 foram adicionados a 25 ml do efluente filtrado do XAD7HP (10 g/l após a amostra XAD_7), agitados continuamente durante vinte e quatro (24) horas, sendo depois filtrados e analisados quanto à remoção de CQO.

O efeito das resinas de permuta iónica sobre as diferentes fracções do efluente foi também observado adicionando 10g/l de cada resina a PH inalterado às diferentes fracções do efluente (separadas pelos seus pesos moleculares) e recolhendo depois amostras filtradas para análise da CQO ao fim de uma (1) hora e vinte e quatro (24) horas. Por fim, especificamente para estudar o efeito das resinas sobre os compostos de baixo peso molecular, foram adicionados 10g/l das resinas aos compostos de peso molecular inferior a 1. Mais uma vez, as amostras foram recolhidas após uma (1) hora e vinte e quatro (24) horas, a agitação para a resina XAD 4 teve de ser significativamente aumentada para saturar efetivamente as resinas.

3.38 Ensaio de toxicidade anaeróbia

Os ensaios de toxicidade anaeróbia (ATA) e os testes de potencial biológico de metano (BMP) podem ser utilizados para analisar a toxicidade e a degradabilidade potenciais de um resíduo. Estes bioensaios podem também ser utilizados para determinar a concentração a que determinados compostos apresentam toxicidade e o período de tempo necessário para que uma cultura microbiana se adapte a eles.

O ATA é um procedimento de lote destinado a produzir condições de ensaio reprodutíveis em que as concentrações de tóxicos são o único parâmetro que varia. Neste ensaio, uma cultura acetoclástica ativa é alimentada com um composto facilmente degradável, neste caso o ácido acético, e várias concentrações de potenciais toxinas conhecidas geralmente como plastificantes (materiais poliméricos). Uma diminuição da taxa de produção de metano com o aumento da concentração do composto de ensaio é uma indicação de toxicidade.

O efeito de três plastificantes normalmente encontrados no fluxo de efluentes do biorreactor anaeróbio submerso, nomeadamente: 2-fenilfenol, ftalato de bis(2-etil-hexilo) e 2-etil-hexanol

O 2-fenilfenol é um composto orgânico que consiste em dois anéis de benzeno ligados e um grupo hidroxilo fenólico. Trata-se de um sólido cristalino escamoso, de cor branca ou amarelada, com um ponto de fusão de cerca de 57 °C. É um biocida utilizado como conservante sob as denominações comerciais Dowicide, Torsite, Preventol, Nipacide e muitas outras.

O ftalato de bis(2-etil-hexilo), geralmente abreviado como DEHP, é um composto orgânico e o "ftalato" mais importante, sendo o diéster do ácido ftálico.

O 2-etil-hexanol é um líquido viscoso incolor, solúvel em óleo, mas não em água. Possui boas propriedades plastificantes. Sendo produzido em grande escala por muitas empresas, adquiriu muitos nomes e acrónimos, incluindo BEHP, ftalato de di-2-etilo hexilo, bem como ftalato de dioctilo (DOP).

As suas fórmulas moleculares e propriedades físicas são apresentadas no quadro seguinte e o seu efeito no metabolismo da fonte de carbono para a produção de gás metano foi estudado utilizando o ensaio de toxicidade anaeróbia.

Plasticizer	2-phenylphenol	Bis(2-ethylhexyl) phthalate	2-ethylhexanol
Molecular formula	$C_{12}H_{10}O$	$C_{24}H_{38}O_4$	$C_8H_{18}O$
Molar mass	170.21 g/mol	390.56	130.23 g/mol
density	1.293 g/cm³	-	0.833 g/cm³
Melting point	55.5-57.5 °C	-50°C	-76 °C
Boiling point	280-284 °C	385°C	183-185 °C

QUADRO 3.1271

3.39 Procedimento para o ensaio de toxicidade anaeróbia

Foram preparadas várias concentrações para cada plastificante representando 200ppm, 20ppm, 2ppm, 0.2ppm, 0.02ppm e 0.002ppm, cada uma com uma massa de .00004, .0004, .004, .04, .4, e 4mg respetivamente. Foram colocados 40 mg de ácido acético em cada garrafa de 20 ml para atuar como fonte de carbono. Prepararam-se frascos de BMP e adicionou-se um volume total de 20 ml de inóculo, meio biológico e plastificante a cada frasco, enquanto se lavava com gás N_2 e se fechava imediatamente a seguir.

O branco foi feito adicionando 2 ml de inóculo e 18 ml de biomédio sem qualquer fonte de carbono ou plastificante, enquanto os controlos foram preparados utilizando ácido acético como fonte de carbono mas sem plastificantes. Foram introduzidas várias concentrações de plastificantes em cada frasco e o volume de 20 ml foi completado utilizando ácido acético como fonte de carbono, um volume constante de 2 ml de inóculo e um volume adequado de biomédio. A percentagem de gás metano produzido foi obtida todas as semanas a partir das várias garrafas utilizando o SHIMADZU GC-TCD, a partir do qual foi calculado o volume cumulativo de gás metano produzido, depois de a percentagem de produção de metano ter estabilizado.

3.40 Experiência com coluna de carvão ativado

As experiências em coluna de leito fixo foram efectuadas utilizando uma coluna de vidro com uma capacidade de 100 ml, 5 cm de diâmetro interno e 6 cm de comprimento. A coluna foi embalada com carvão ativado em pó entre duas camadas de suporte de lã de vidro para evitar a flutuação do adsorvente a partir da saída. A coluna foi embalada com[I] 15,2 g de carvão ativado, transformado numa pasta com 50 ml de água quente e lentamente alimentado na coluna deslocando um salto de água, tal como descrito por Fornwalt e Hutchins (1966). Esta técnica evita a entrada de ar. A coluna foi carregada com uma solução de adsorvato de concentrações conhecidas, que foi alimentada através da coluna num modo de fluxo ascendente a um caudal de 1,3 ml/min. A concentração foi monitorizada à saída da coluna para conhecer a quantidade de substâncias orgânicas adsorvidas. A operação foi interrompida quando 90% da capacidade de sorção foi utilizada. A capacidade da coluna e a capacidade até à exaustão completa foram determinadas por procedimento de rotina (Faust e Aly,1987).

[I] Ver Apêndice

CAPÍTULO 4

4.0 RESULTADOS E DISCUSSÃO

4.1 Resultados do ensaio de adsorção em lote com carvão ativado

O efeito da dose de adsorvente na remoção de substâncias orgânicas do SAMBR foi estudado com PH inalterado. Os resultados obtidos a partir de concentrações variáveis de adsorvente de 1g/l, 5g/l e 10 g/l indicaram que a uma concentração de 10 g/l a adsorção de substâncias orgânicas do efluente produziu melhores resultados quando comparada com as outras duas concentrações. Este facto está de acordo com os resultados obtidos na literatura, que mostram uma melhor adsorção com o aumento da dose de adsorvente.

O pH do meio é também um fator importante que pode influenciar a absorção do adsorvato. As propriedades químicas do adsorvato e do adsorvente podem variar com o PH, pelo que é importante estudar o efeito do PH do SAMBR na adsorção do carvão ativado.

O PH foi testado utilizando uma dosagem de adsorvente de 5 g/l, e observou-se que o PH ótimo para o carvão ativado se situa no valor de PH inalterado do fluxo de efluente, a PH 8. Neste PH, obteve-se a maior remoção de CQO. No entanto, à medida que o PH aumentou para PH 12, registou-se uma diminuição subsequente da remoção de CQO. Isto deve-se ao facto de, a valores de PH mais elevados, haver competição entre os compostos orgânicos no SAMBR e os iões OH- pelo local de adsorção. No entanto, os iões OH- mais pequenos asseguram um melhor caminho para serem adsorvidos para produzir camadas de hidróxido de metal que inibem a adsorção de mais orgânicos do SAMBR.

O efeito do PH da solução é extremamente importante quando a espécie adsorvente é capaz de se ionizar em resposta ao PH. É bem conhecido que os compostos orgânicos se adsorvem mal no carvão ativado quando estão ionizados. Isto explica a observação comum de que as formas não ionizadas de compostos ácidos e básicos se adsorvem muito melhor do que as suas contrapartes ionizadas no carvão ativado. Assim, os compostos ácidos adsorvem-se melhor a baixo pH e as espécies básicas adsorvem-se melhor a alto pH.

Outro fator que afecta o PH de adsorção é a natureza do adsorvente, que é determinada pelo PH do ponto de carga zero do adsorvente (que é o PH quando a carga na superfície do carvão ativado é zero, phpzc). Com um PH da solução inferior ao phpzc, a carga total da superfície seria positiva, enquanto que com um PH da solução superior, seria negativa. O potencial de adsorção do adsorvente é mais elevado quando a carga superficial total é positiva, ou seja, quando o PH da solução é inferior ao phpzc do carvão ativado. Isto indica que o Pka do CAP deve ser superior ao PH da solução a PH 8,5

No pH 12, a absorção orgânica foi menor devido à repulsão electroestática entre a carga negativa da superfície e as espécies de soluto na solução, enquanto que no pH 8 as espécies de soluto não estavam associadas e predominavam as interações de dispersão, aumentando assim a atração eletrostática entre as espécies de soluto e os locais de adsorção.

Por conseguinte, os resultados obtidos indicam que o pka do carvão ativado utilizado é superior a 8, mas inferior a 12. No PH 8, a adsorção dos compostos orgânicos baseia-se principalmente na diminuição da carga negativa ou no aumento da carga positiva do carvão ativado, o que diminuiria qualquer interação repulsiva nom superfície, ao contrário do PH 12, em que um aumento da carga negativa do carvão ativado e a competição entre os iões OH- aumentados e os compostos orgânicos (especialmente os compostos de baixo peso molecular) contribuem para reduzir a capacidade de remoção de CQO do carvão ativado.

Seria de esperar, portanto, uma melhor adsorção a um pH superior a 2, devido à diminuição da carga negativa do carvão ativado e também a uma menor interferência do OH-, mas tal não acontece porque, a valores de pH inferiores, os compostos orgânicos ficam ionizados (uma vez que são básicos), o que reduz a sua capacidade de adsorção.

No caso da adsorção do efluente, o PH ótimo foi PH 8, o que indica uma adsorção preferencial de espécies básicas pelo carvão ativado em pó.

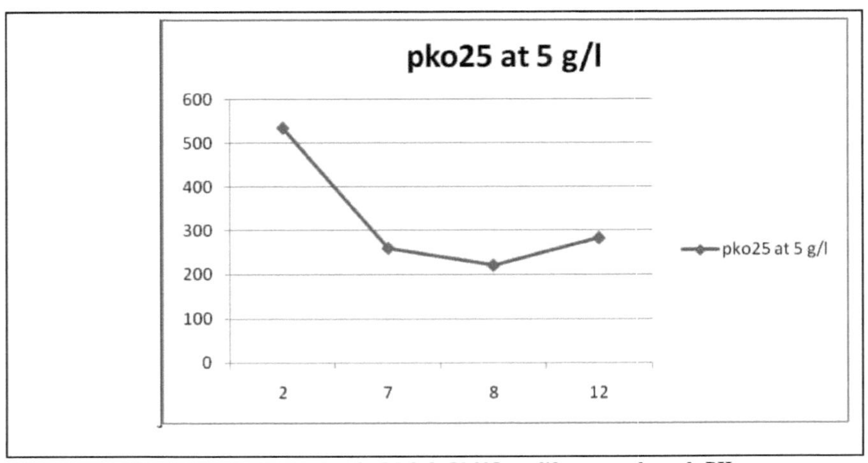

Fig.4.11 Efeito da remoção de CQO do Pk025 em diferentes valores de PH

4.2 Outros factores que influenciam a capacidade de adsorção

A remoção de substâncias orgânicas também depende do tamanho do carvão ativado utilizado e este efeito foi estudado utilizando diferentes tipos de carvão ativado. O SAE2 tem partículas mais finas, enquanto o PK-025, por outro lado, tem partículas mais grossas. Observou-se que a adsorção aumenta à medida que a área de superfície do adsorvente diminui, como pode ser visto na inclinação do SAE2 em comparação com o PK025. A adsorção utilizando ambos os tipos de carvão ativado (SAE2 e PK025) foi muito rápida e, após cerca de 15 minutos de contacto entre o adsorbato e o adsorvente, 73% dos produtos orgânicos foram removidos (no caso do SAE2) e, após cerca de 1 hora de contacto, foi estabelecido o equilíbrio e a taxa de adsorção não se alterou muito em 24 horas, tanto para o CAP como para o CAG.

No equilíbrio, 78,57% dos orgânicos foram removidos com sucesso do SAMBR usando SAE2, fazendo com que a DQO da solução efluente diminuísse de 745,1mg/l para 159,6mg/l em 24 horas.

4.3 Controlos

As experiências de controlo destinavam-se a demonstrar que a alteração da CQO do SAMBR se devia à adição dos diferentes tipos de carvão ativado e a nenhuma outra causa. Como foi demonstrado no gráfico abaixo, quando a amostra do efluente foi deixada em repouso durante 24 horas, não houve alteração apreciável no seu valor de CQO. Isto mostra que não há mais biodegradação da amostra por microrganismos, o que implica que ou não há micróbios presentes no efluente ou que as substâncias presentes no efluente são recalcitrantes e, portanto, não estão disponíveis para os micróbios degradarem.

Em seguida, a glucose foi também deixada à temperatura ambiente durante 24 horas e não se verificou qualquer alteração apreciável no teor de CQO, no entanto, quando o PK-025 foi adicionado à solução de glucose durante um período de 24 horas, o valor de CQO foi reduzido. Isto mostra que a alteração do teor de CQO do efluente não resultou da atividade dos micróbios presentes no efluente ou no ambiente, mas apenas da adição de carvão ativado.

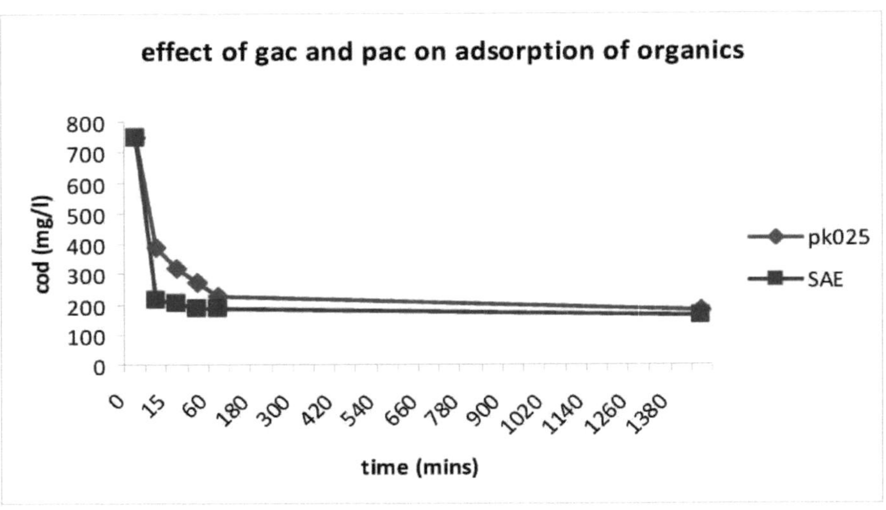

Fig. 4.21 Efeito do CAG na adsorção de substâncias orgânicas

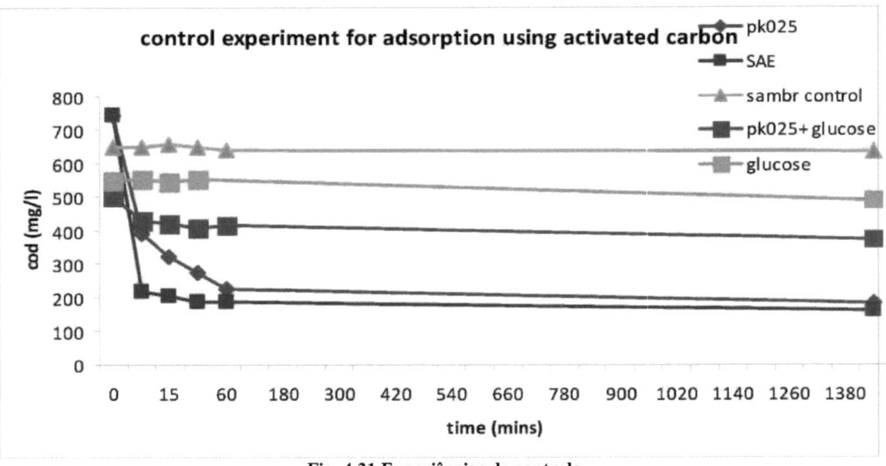

Fig. 4.31 Experiências de controlo

4.4 Isotérmica de adsorção

A natureza do adsorvato que não gosta de solventes e a força de van der waals são as duas forças motrizes da adsorção. As forças electrostáticas e a troca de iões também causam a sorção do adsorvato no adsorvente. Quando o adsorbato e o adsorvente entram em contacto um com o outro, é estabelecido um equilíbrio dinâmico entre as concentrações de adsorbato em ambas as fases. Este estado é dinâmico por natureza, uma vez que a quantidade de adsorvato que migra para o adsorvente é contrabalançada pela quantidade de adsorvato que migra de volta para a solução.

O modelo de Freundlich é uma equação empírica baseada na sorção em superfícies heterogéneas ou superfícies que suportam sítios de várias afinidades. Assume-se que os sítios de ligação mais fortes são preenchidos primeiro e que a força de ligação diminui com o aumento do grau de ocupação do sítio. A isotérmica é expressa como

$$q_e = K\, C_{Fe}^{1/n}$$

Onde K_F (mg/g) e n são constantes de Freundlich relacionadas com a capacidade de sorção e a intensidade de sorção do adsorvente. K_F pode ser definido como o coeficiente de adsorção ou de distribuição e representa a quantidade de adsorvato adsorvido no carvão ativado para uma concentração de equilíbrio unitária.
A adsorção de substâncias orgânicas seguiu a isotérmica de adsorção de Freundlich, como se mostra na figura abaixo. A relação entre a capacidade de absorção orgânica qe,(mg/g), do adsorvente e a concentração orgânica residual c_e (mg/l) é dada por

$$\log q_e = \log K + (1/n) \log ce$$

Onde a interceção log K é uma medida da capacidade adsorvente e o declive 1/n é a intensidade de sorção. Os dados da isoterma ajustam-se bem à isoterma de Freundlich (R2=0,9155) e os valores das constantes[2] k e[3] 1/n foram calculados em 51,96mg/g e 0,0096, respetivamente.

Uma vez que o valor de 1/n é inferior a 1, indica uma adsorção favorável. Um valor de 1/n inferior a 1 indica uma isotérmica de Langmuir normal, enquanto 1/n superior a 1 indica uma adsorção cooperativa.
Muitos compostos orgânicos têm valores de log K inferiores a 2,5 e, por conseguinte, um baixo potencial de sorção. A remoção destes compostos em estações de tratamento de lamas activadas convencionais será, portanto, relativamente baixa. Em especial, a tendência crescente para a utilização de substâncias menos bioacumuladoras implica atualmente um maior número de substâncias com baixos valores de K.

[2] Ver Apêndice

O modelo das isotérmicas de Langmuir é válido para a adsorção de uma monocamada numa superfície que contém um número finito de locais de adsorção idênticos. A quantidade adsorvida pelo adsorvente e a concentração de equilíbrio do adsorvato a uma temperatura constante podem ser dadas pela isotérmica de adsorção de Langmuir como

$q_e = QK_L \, Ce/(1+K \, Ce)$

Em que Q(mg/g) é a quantidade máxima de adsorvato por unidade de peso do adsorvente para formar uma monocamada completa na superfície, enquanto K_L (l/mg) é a constante de Langmuir relacionada com a afinidade dos locais de ligação. A isotérmica de Langmuir pode ser reorganizada numa forma linear para facilitar a representação gráfica e a determinação das constantes de Langmuir, como se indica a seguir:

$c_e / q_e = 1/(QK_L) + c_e / Q.$

Pode ver-se na figura abaixo que os dados da isotérmica se ajustam bem à equação de Langmuir (R^2 =0,945). Os valores de[4] q e K_L foram calculados a partir da figura e foram de 3,3mg/g e 0,12/mg, respetivamente.

As caraterísticas essenciais da isotérmica de Langmuir podem ser expressas por uma constante adimensional denominada fator de separação ou parâmetro de equilíbrio, R_L , definido por Weber e Chakkravorti como

$R_L = 1/(1+K \, C_{L0}).$

O parâmetro R_L indica a forma da isotérmica do seguinte modo

Values of R_L	Type of Isotherm	
$R_L>1$	Unfavourable	
$R_L=1$	Linear	
$0<R_L<1$	Favourable	
$R_L=0$	Irreversible	

QUADRO 4.41

Os valores calculados R[5] $_L$ a partir das constantes de Langmuir dão um valor de .01106 que se

[3] Ibid

[4] Ver Apêndice

[5] Ver Apêndice

enquadra no tipo de isotérmica favorável. Este facto está também de acordo com a implicação do valor de 1/n obtido a partir do gráfico da isotérmica de Freundlich, que foi < 1, indicando uma isotérmica normal.

Os resultados dos parâmetros[6] K ,n, K_L , q, R^2 , R_L para todas as experiências com PH da solução inalterado para a redução máxima de matéria orgânica foram apresentados na tabela abaixo. A capacidade máxima de adsorção foi de 3,3 mg de matéria orgânica por g de SAE2 como adsorvente.

Isotherm	Freundlich	Langmuir
	R^2=.9155 K=51.95mg/g n=104.16	R^2=.945 q=3.3mg/g KL=.12/mg RL=.01106

QUADRO 4.42

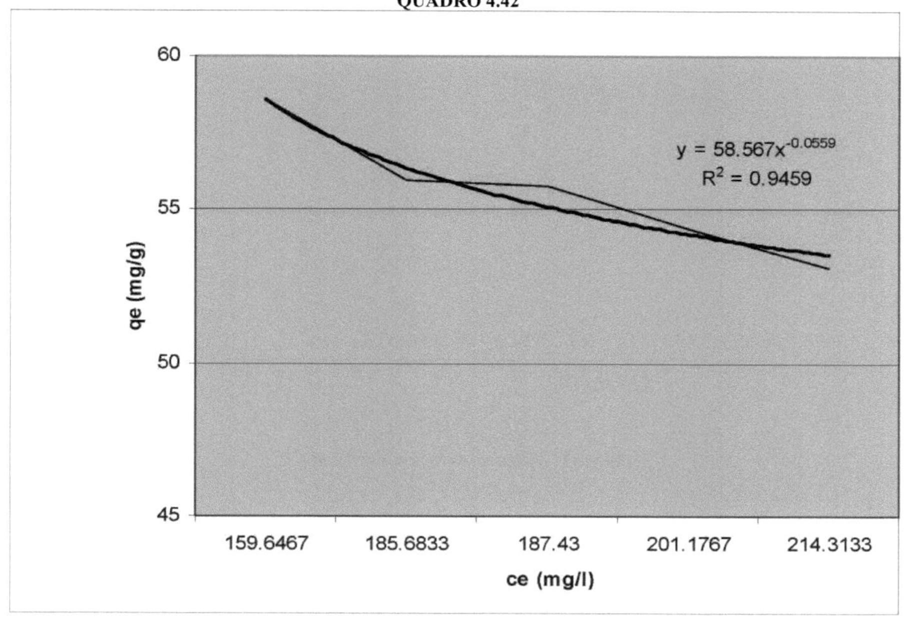

Fig 4.41 Gráfico de q_e versus C_e

[6] Ver apêndice para os cálculos.

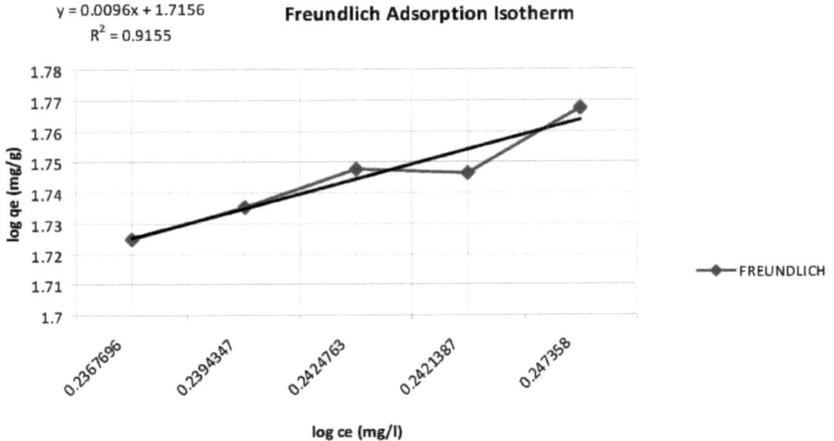

Fig. 4.42 Gráfico de log qe versus log Ce

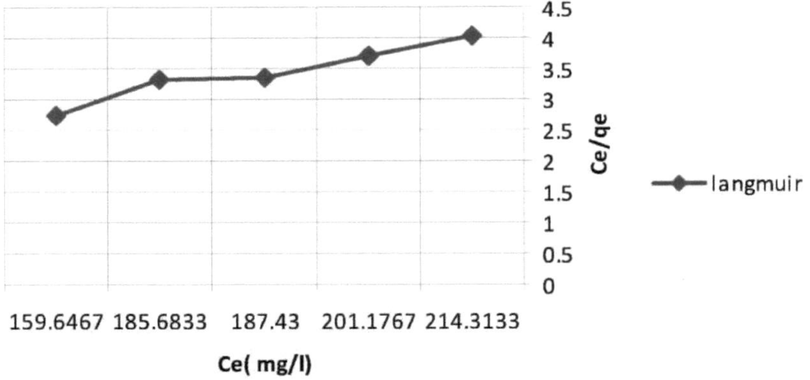

Fig. 4.43 Gráfico de Ce/qe em função de Ce

4.5 Efeito do Pac em vários fraccionamentos do efluente

A cor escura do efluente resulta de substâncias de elevado peso molecular que são difíceis de degradar devido às fortes ligações dentro da molécula.

Assim, a redução de cor observada à medida que a gama de peso molecular da solução diminui deve-se à remoção ou separação de substâncias de peso molecular mais elevado.

Os resultados da experiência de adsorção em várias fracções do efluente mostram que quando o tempo de contacto entre as várias fracções do efluente e o carvão ativado foi deixado por um longo período de tempo (24 horas), a % de remoção de CQO para as várias fracções foi aproximadamente a mesma, de acordo com a tabela abaixo.

Por conseguinte, para estudar a rapidez com que as várias fracções foram adsorvidas, a CQO removida aos 30 minutos para as várias fracções indicou que as substâncias de peso molecular mais elevado, especialmente na gama de 10 e 50 kda, foram adsorvidas mais rapidamente em comparação com a adsorção de substâncias de peso molecular mais baixo, como se mostra na tabela

A partir dos resultados obtidos nas experiências, o PAC é capaz de adsorver substâncias de peso molecular mais elevado mais rapidamente do que substâncias de peso molecular mais baixo, dado um tempo de contacto de cerca de 1 hora, no entanto, à medida que o tempo de contacto aumenta, todos os vários tamanhos de peso molecular são reduzidos para aproximadamente o mesmo valor.

Isto deve-se ao facto de as partículas maiores serem mais facilmente adsorvidas do que as partículas mais pequenas. Estes poluentes de moléculas grandes podem não ser adsorvidos na superfície interna do carvão ativado devido à sua estrutura de poros estreitos. Mas, à medida que o tempo de contacto aumenta, os poros internos do carvão ativado ficam gradualmente saturados com a adsorção de mais substâncias de menor peso molecular que penetraram gradualmente nos poros estreitos do CAP.

Por conseguinte, foi demonstrado que os compostos com pesos moleculares mais elevados são preferencialmente adsorvidos, provavelmente devido a uma melhor acessibilidade aos macroporos do CAP e também a interações hidrofóbicas com a superfície do CAP, respetivamente, no entanto, as absorções máximas foram independentes do tamanho das moléculas adsorvidas.

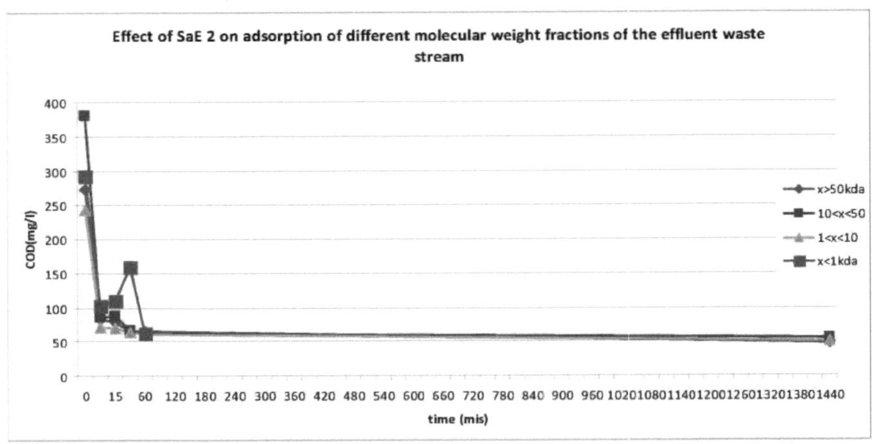

Fig. 4.51 Efeito de Sae2 em diferentes fracções de peso molecular da corrente de resíduos de efluentes

Molecular Weight Fraction (kda)	% COD Removed
X<1	45.5%
1<x<10	73.46%
10<x<50	82.5%
x>50	76.4%

Tabela 4.51 Percentagem de remoção de CQO para as várias fracções de peso molecular no tempo de 30 minutos

4.6 O Efeito de Vários Adsorventes e Coagulantes na Remoção de Substâncias de Baixo Peso Molecular

Os resultados obtidos com menos de 1kda de efluente mostraram que o PK025 teve a maior eficiência de adsorção, com uma remoção de cerca de 68,5 nos primeiros 15 minutos de contacto com o adsobato, seguido do SAE2, XAD 7, XAD4 e $FeCl_3$, respetivamente. Com o aumento do tempo de contacto, obteve-se o seguinte, por ordem do adsorvente mais eficiente para o menos eficiente.

SAE2>PK025>XAD7>XAD4>$FeCl_3$.

4.7 Comparação da capacidade de adsorção dos dois tipos de carvão ativado em compostos de baixo peso molecular.

Inicialmente, a adsorção dos compostos de baixo peso molecular utilizando os dois tipos diferentes de carvão ativado mostrou que o PK025 tinha uma melhor adsorção dos compostos < 1 kda, com a remoção a subir até cerca de 68%, em comparação com o SAE2, que tinha uma remoção de cerca de 62%. Isto pode ser explicado como resultado da natureza macroporosa do PK025 em oposição à natureza microporosa do SAE2. Assim, as partículas de baixo peso molecular penetram facilmente nos poros do PK025 e são preferencialmente adsorvidas mais rapidamente do que no SAE2.

No entanto, devido às diferenças no volume de poros e na área de superfície dos dois adsorventes, com o aumento do tempo de contacto, o SAE2 é capaz de adsorver comparativamente mais quantidades de compostos de peso molecular inferior do que o PK025, que tem um volume de poros e uma área de superfície menores.

4.8 Comparação da adsorção das duas resinas de permuta iónica

São três os parâmetros que afectam a capacidade de ligação de uma resina a um determinado material: o momento de dipolo, a dimensão dos poros e a área de superfície. O material a ser adsorvido deve ser capaz de migrar através dos poros para a superfície de adsorção. Para adsorventes de igual tamanho de poro, uma área de superfície maior tem maior capacidade para o soluto. Existe uma relação inversa entre a área de superfície e a dimensão dos poros: quanto menor a dimensão dos poros, maior a área de superfície.

De acordo com a literatura, esperava-se que a XAD-4, que é uma resina à base de estireno, exercesse uma afinidade mais forte com as moléculas aromáticas da matéria orgânica natural do que as resinas à base de acrílico, como a XAD-7, que foram ambas utilizadas na experiência. Além disso, as dimensões mais pequenas dos poros da XAD-4 deveriam facilitar a adsorção de compostos de pequeno peso molecular. No entanto, os resultados mostram que a adsorção de XAD-7 para os compostos de baixo peso molecular foi melhor do que a de XAD4 em pelo menos 8%.

Isto pode ser explicado pelo facto de que, embora ambas as resinas tenham interações não iónicas com o adsorvato, a XAD4 é uma resina completamente não polar, enquanto a XAD-7 é uma resina moderadamente polar e, como tal, é capaz de adsorver compostos não aromáticos de solventes polares.

Isto dá uma indicação do facto de poderem existir certos componentes na fração de peso molecular inferior do efluente que são não aromáticos e que o XAD 7 pode adsorver mas o XAD 4 não. A natureza dos compostos com menos de 1 kda também pode influenciar a taxa de adsorção, uma vez que o XAD4 adsorverá preferencialmente aromáticos hidrofóbicos que não estão facilmente disponíveis na fração de peso molecular inferior do efluente. Isto está de acordo com croue et al (1999) que observaram que quanto menor o peso molecular do nom, menor o seu carácter hidrofóbico.

4.9 Comparação da adsorção entre carvão ativado e resina permutadora de iões

A adsorção de compostos de baixo peso molecular foi mais eficaz utilizando carvão ativado em pó como adsorvente, devido às suas maiores áreas de superfície e, por conseguinte, ao tamanho mais pequeno dos poros, que são eficazes para a remoção de compostos de baixo peso molecular. Isto deve-se à capacidade de as moléculas pequenas penetrarem eficazmente na estrutura de poros pequenos que, de outro modo, os compostos de maior peso molecular não conseguiriam penetrar facilmente.

A menor dimensão dos poros do carvão ativado em pó torna os locais de adsorção mais acessíveis para a adsorção de compostos mais pequenos.

4.10 Efeito de coagulação em compostos de baixo peso molecular

A coagulação com $FeCl_3$ removeu muito pouco dos compostos de baixo peso molecular. O PH da solução não fez qualquer diferença considerável na coagulação dos compostos de baixo peso molecular. Por conseguinte, pode inferir-se que a coagulação remove melhor os compostos de elevado peso molecular do que os de baixo peso molecular.

Adsorbent	Density(g/ml)	Surface area (m^2/g)	Pore diameter	Pore volume (ml/g)
Xad 4	1.08-1.02	725	50 [7]A	0.98
Xad 7	1.24-1.05	450	90A	1.14
Sae 2	-	928	-	0.67
Pk025	-	775	-	-

Tabela 4 Propriedades físicas dos adsorventes utilizados

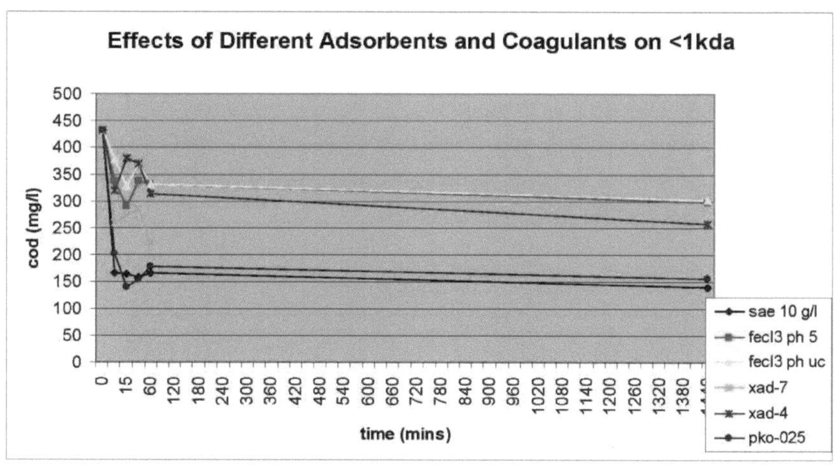

Fig 4 Efeitos de diferentes adsorventes e coagulantes na fração inferior a 1 Kda do fluxo de resíduos do efluente

[7] **A (Armstrong)**

CAPÍTULO 5

5.1 Efeito do Fecl$_3$ na coagulação de compostos orgânicos

A remoção de substâncias orgânicas da amostra de lixiviado está associada aos mecanismos de remoção de substâncias húmicas através da aplicação de coagulação/floculação. É bem conhecido que as substâncias húmicas podem ser eficazmente removidas de soluções aquosas através da adição de coagulantes hidrolisantes. Especialmente no caso de águas que contêm uma elevada quantidade de matéria orgânica (natural), existe frequentemente uma relação estequiométrica entre o conteúdo orgânico e a dose de coagulante necessária.

Existem dois mecanismos principais relacionados com a remoção de substâncias húmicas da fase aquosa através da aplicação de coagulação/floculação: (a) ligação de espécies metálicas catiónicas a sítios aniónicos, resultando na neutralização de substâncias húmicas e na redução da sua solubilidade, e (b) adsorção de substâncias húmicas nos precipitados de hidróxido metálico amorfo produzidos. Embora não seja fácil distinguir entre os dois mecanismos, parece que estes são fortemente dependentes do pH, bem como da dosagem de FeCl3.

5.2 Efeito do PH na coagulação

O valor do pH do efluente é de aproximadamente 8,2 e as substâncias húmicas estão carregadas negativamente, enquanto os hidróxidos de Fe estão carregados positivamente; portanto, resultando em forte adsorção, como resultado da neutralização da carga das substâncias húmicas. O efeito do pH foi estudado variando o pH do efluente, através da adição de H_2 SO_4 e NaOH. Os valores de pH foram alterados de 5, 8 e 12, enquanto se utilizava uma concentração constante de 1 g/l de coagulante.

Os resultados obtidos, ilustrados no gráfico abaixo, mostram que a remoção óptima de CQO foi obtida a um pH de cerca de 5, o que está de acordo com os resultados obtidos na literatura. A elevada existência de espécies solúveis positivas de Fe e de FeOH positivo a pH ácido aumentou a probabilidade de interações de adsorção e de neutralização de cargas com a matéria orgânica natural (NOM), indicando o domínio do mecanismo de sorção como mecanismo primário para a remoção da matéria orgânica. A acidificação provoca uma diminuição da estabilidade e, consequentemente, aumenta a coagulação natural de pequenas partículas.

O aumento do pH promove a desprotonação das substâncias húmicas (aumentando as espécies carregadas negativamente) e diminui a carga positiva dos coagulantes metálicos. Outra explicação possível para taxas de coagulação mais baixas a valores de pH mais elevados pode ser o facto de o

Fe^{3+} ser demasiado solúvel a valores de pH mais elevados para atingir o nível de hidratação desejado.

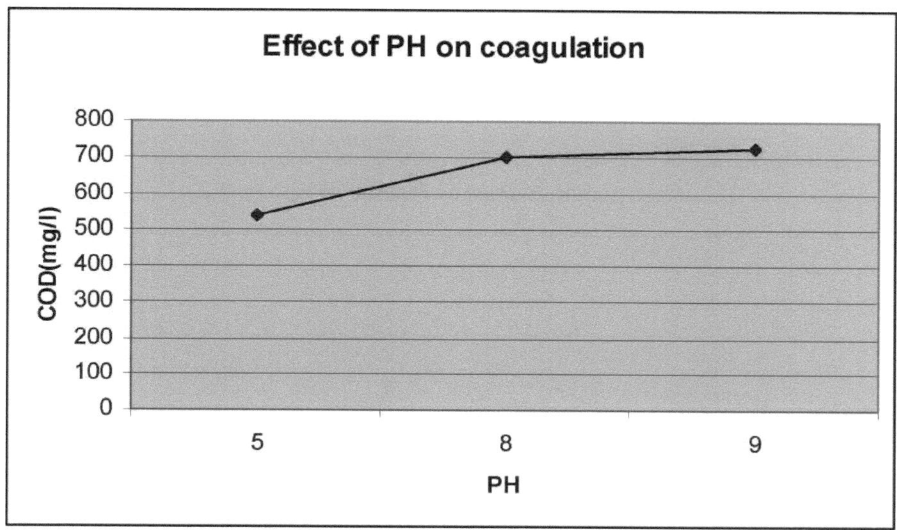

Fig. 5.21 Efeito do PH na coagulação de $FeCl_3$

5.3 Efeito da dosagem de coagulante

Os compostos de ferro (III) desestabilizam os colóides através de três mecanismos: (1) compactação da dupla camada; (2) adsorção e neutralização da carga, que inclui a coordenação; e (3) enredamento no interior do floco.

A quantidade de eletrólito necessária para alcançar a coagulação por compactação de dupla camada é praticamente independente da concentração de colóides na dispersão. A coagulação por sweep-floc caracteriza-se por uma relação inversa entre a dosagem óptima de coagulante e a concentração de colóides a remover.

A desestabilização por adsorção e neutralização de cargas é estequiométrica, pelo que a dosagem necessária de coagulante aumenta à medida que a concentração de colóides aumenta.

No entanto, os resultados obtidos variando a concentração de coagulante de 0,5, 1 e 3 g/l mostram um aumento na remoção de CQO de cerca de 24% inicialmente à medida que a concentração de coagulante aumenta de 0,5 para 1 g/l, mas à medida que a concentração aumenta de 1 para 3 g/l, a remoção de CQO diminui em cerca de 17%. Assim, a concentração óptima de coagulante necessária para a remoção de CQO é de 1 g/l.

Este facto pode ser explicado por uma possível reestabilização dos colóides devido a uma inversão de carga das partículas à medida que a concentração do coagulante aumenta para além de 1 g/l.

Também se observou que o aumento do tempo de contacto reduz a estanquidade dos colóides formados, como se pode ver pela percentagem (%) de CQO removida ao fim de 1 hora e 24 horas, respetivamente. Por conseguinte, para a coagulação com $FeCl_3$, o tempo máximo de contacto não deve ser superior a 1 hora para uma coagulação eficaz.

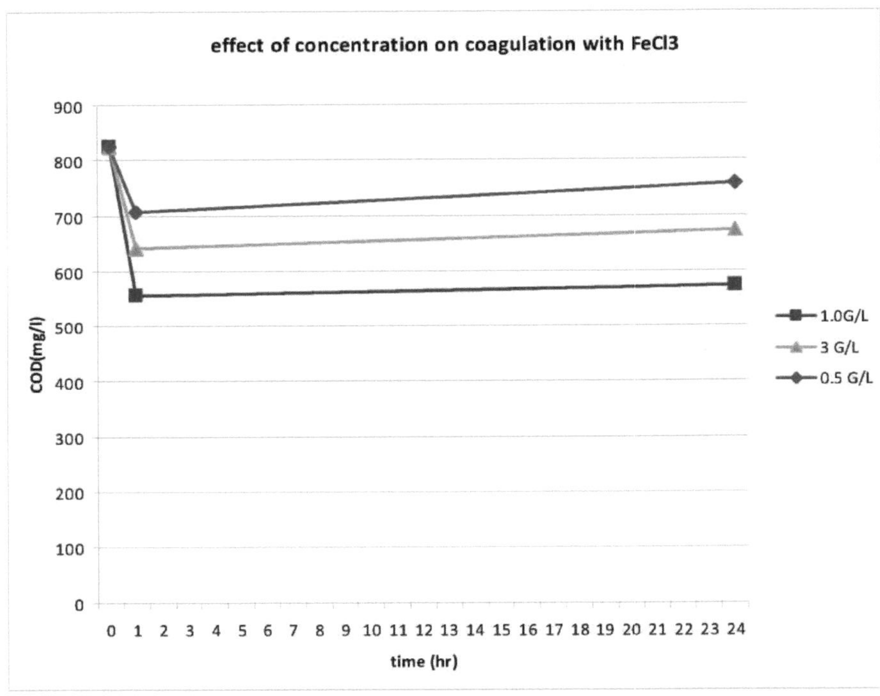

Fig. 5.31 Efeito da concentração de coagulantes na remoção de CQO

TIME (hr)	0	1	24
COD(mg/l)	824.2133	556.8033	573.6233

Tabela 5.1 Efeito do tempo de contacto na coagulação de 1g/l de FeCl3

5.5 Efeito dos Polielectrólitos na Floculação/Coagulação

Os polielectrólitos são polímeros com grupos ionizáveis. Em solventes polares, como a água, estes grupos podem dissociar-se, deixando cargas nas cadeias poliméricas e libertando contra-iões em solução. Exemplos de polielectrólitos incluem o sulfonato de poliestireno, os ácidos poliacrílico e polimetacrílico e respectivos sais, o ADN e outros poliácidos e polibases. As interações electrostáticas entre cargas conduzem a um comportamento rico de soluções de polielectrólitos qualitativamente diferente do dos polímeros não carregados.

O efeito de diferentes polielectrólitos foi estudado para determinar os seus efeitos na coagulação de compostos orgânicos em $FeCl_3$. Os floculantes utilizados foram E24 (gama de emulsão inversa), MF10 (pó aniónico), LT31 (catiónico), MF33 (não iónico) e MF 4240 (arquitetura molecular única aniónica) a uma concentração de 0,5mg/l.

Os resultados obtidos mostraram que a adição de polielectrólitos teve um efeito positivo na percentagem de remoção de CQO (%). Após 30 minutos de adição de $FeCl_3$ e dos floculantes, verificou-se uma remoção de CQO de 45%, em comparação com apenas uma redução de cerca de 32% com $FeCl_3$ a atuar sozinho. Após 30 minutos de tempo de contacto, não houve muita diferença significativa na remoção de CQO entre os vários polieletrólitos utilizados, uma vez que todos eles alcançaram aproximadamente 45% de remoção. O efeito da adição de polielectrólito aumenta, portanto, a taxa de remoção de CQO num intervalo de tempo muito curto. O LT31 foi capaz de remover um pouco mais de 44% de CQO, pelo que foi selecionado como o melhor polieletrólito. Por conseguinte, foi utilizado para estudar o efeito da variação da concentração de floculante na eficiência da coagulação/floculação de NOM.

5.6 Efeito da alteração da concentração de floculante

Inicialmente, foi adicionado à amostra 1g/l de $FeCl_3$ e, após 20 minutos, foi adicionado à amostra 0,5 g/l de polielectrólito LT31. Neste caso, ao contrário da experiência anterior, o floculante não é adicionado ao mesmo tempo que o coagulante.

Desta forma, podem ser estudados os efeitos individuais do coagulante e do floculante. Observou-se que, após 20 minutos (adição apenas de $FeCl_3$), a CQO removida era de 39,4 %. 1 minuto após a adição de LT31, observou-se um aumento adicional de 6% na CQO e, após 30 minutos, outro aumento de 6,3%, após o qual um tempo de contacto mais longo não dá qualquer aumento adicional na CQO , uma vez que ocorre a reestabilização dos colóides formados.

Para estudar o efeito da variação da concentração de LT31, a mesma concentração de $FeCl_3$ é adicionada à amostra, mas desta vez foram utilizados 5 g/l de floculante 20 minutos após a adição de $FeCl_3$. Neste caso, observou-se que, após 1 minuto de adição do floculante, 15% da CQO foi removida e 20% após 5 minutos de adição do LT31.

Por conseguinte, o aumento da concentração de floculante aumenta a quantidade de CQO removida, mas o aumento do tempo de contacto não aumenta a quantidade de CQO removida.

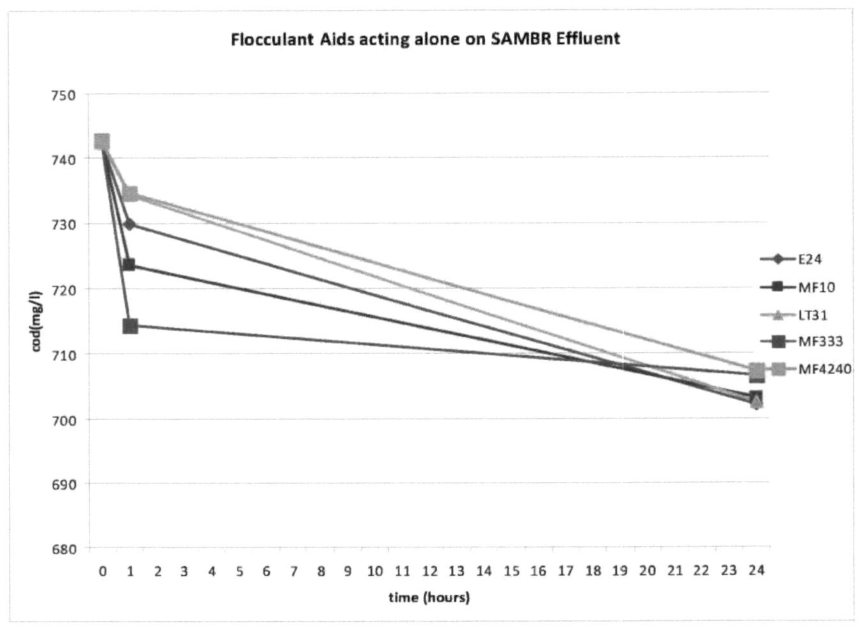

Fig. 5.61 Efeito do auxiliar de floculante actuando sozinho na remoção de CQO

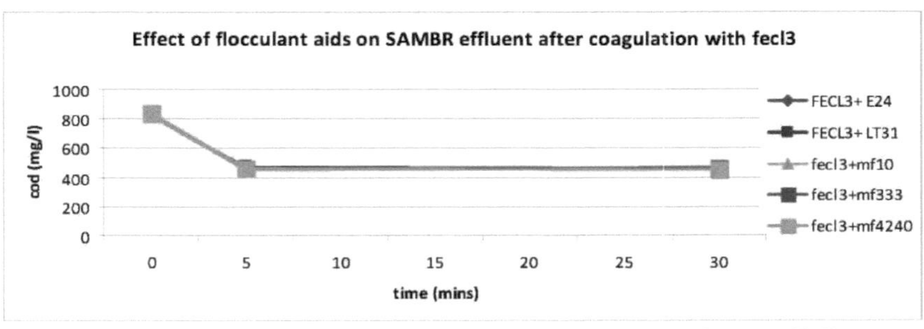

Fig. 5.62 Efeito da ajuda do floculante na remoção de CQO após coagulação com $FeCl_3$

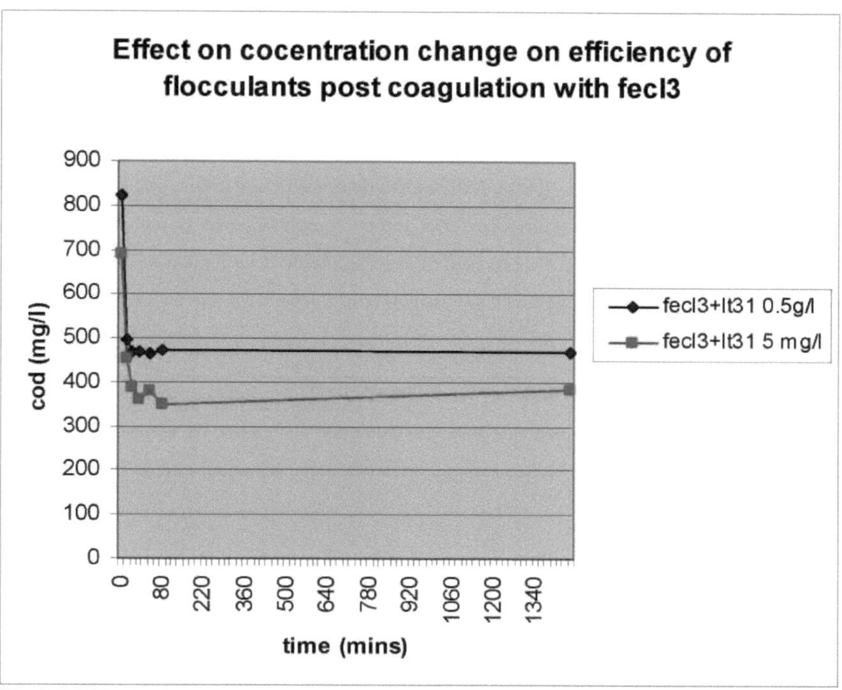

Fig. 5.63 Efeito da alteração da concentração de LT31 na remoção de CQO após coagulação com $FeCl_3$

5.7 Efeito do HCl como ácido de titulação para reduzir o pH da amostra antes da coagulação

Das observações feitas durante o curso da experiência, descobriu-se que a utilização de HCl como ácido titulante para baixar o PH da solução não produziu os resultados necessários, dadas as condições de funcionamento que foram aplicadas nas experiências de coagulação. Quando o HCl foi utilizado para baixar o pH da solução, a CQO da amostra resultante após a coagulação com $FeCl_3$ foi efetivamente superior à CQO da amostra original.

Quando as mesmas experiências foram efectuadas, desta vez com $H_2 SO_4$ como ácido para baixar o PH da solução, obtiveram-se resultados muito mais favoráveis.

Isto pode ser explicado considerando a dissociação de ambos os ácidos em solução. O hcl dissocia-se em iões H^+ e iões Cl^- , enquanto o $H_2 SO_4$ dissocia-se em H^+ e iões sulfúricos.

Em soluções ácidas, que são as melhores condições de funcionamento para que a coagulação ocorra, a concentração de Cl^- na amostra torna-se muito mais elevada do que a de OH^- na solução, o que diminui a capacidade de sorção dos coguladores, uma vez que não se formam FeOH positivos suficientes para neutralizar os aromáticos negativos no efluente.

5.8 Ensaio de toxicidade anaeróbia (ATA)

A interferência no metabolismo das culturas metanogénicas pode manifestar-se de várias formas diferentes nestes ensaios. Se o composto em estudo for extremamente tóxico, pode matar todos os microrganismos responsáveis por pelo menos uma etapa da sequência metabólica.

Numa situação ligeiramente menos grave, o composto de ensaio pode inibir total ou parcialmente o metabolismo microbiano. Se o composto não inibir completamente o metabolismo, alguma atividade bacteriana continuará e a cultura poderá eventualmente desintoxicar-se ou aclimatar-se ao composto, permitindo um regresso à mesma taxa metabólica específica que na ausência do tóxico.

Se o tóxico puder ser degradado em metano pela cultura após algum período de aclimatação, a evidência de toxicidade na (ATA) pode ser uma diminuição da produção inicial de gás ou uma fase de atraso antes do início da produção de gás. Em qualquer dos casos, os efeitos tóxicos deverão diminuir com o tempo e a produção final de gás reflectirá o gás adicional gerado pela utilização do composto em estudo.

Um outro resultado possível da ATA é que a produção de gás CH_4 pode continuar sem qualquer efeito do composto utilizado no ensaio. Isto pode ocorrer com ou sem qualquer utilização do composto de ensaio, e seria evidente se a produção de gás fosse igual ou superior à dos controlos em todos os momentos após a inoculação.

Os resultados obtidos a partir dos dados mostram que o hidroxibifenilo não é comparativamente tóxico em todas as várias concentrações estudadas. Isto deve-se ao facto de a presença do composto de ensaio não afetar as taxas metabólicas das bactérias, evidenciadas pela produção de gás à mesma taxa ou a uma taxa superior à dos controlos. Os resultados mostram que nas concentrações de .002, .02, .2, 20ppm não houve efeito inibitório do plastificante, com produção de metano igual à do controlo em todos os momentos. No entanto, com a concentração de 200ppm, verificou-se uma inibição ligeiramente parcial, uma vez que o volume de produção de metano aumentou lentamente (inferior ao do controlo) antes de se aclimatar e depois voltar à mesma taxa específica que na ausência do plastificante.

No ftalato de bis-2-etil-hexilo, observou-se que não houve efeitos inibitórios do composto de ensaio na taxa de produção de metano. Isto deve-se ao facto de o volume de metano produzido ser sempre igual ou superior ao volume de gás metano produzido pelo controlo. A presença do composto de ensaio não interfere com a taxa metabólica.

2 O fenilfenol é o mais tóxico dos três plastificantes testados, uma vez que os resultados mostram a diminuição do volume de metano produzido em todos os momentos, com todas as concentrações,

quando comparado com o volume de gás produzido pelo controlo. A uma concentração de 200ppm, verificou-se uma inibição muito grave e foram necessários pelo menos 28 dias para que os micróbios se aclimatassem e começassem a metabolizar o ácido acético para produzir gás metano.

Em todos os casos estudados, com exceção do Bis-2-etil hexil pthalate, não se verificou praticamente nenhum efeito na taxa metabólica em resultado do composto de ensaio, podendo deduzir-se que a duração do período de não produção de gás aumenta geralmente com a concentração do tóxico, e a parte mais interessante deste trabalho é que, em quase todos os casos em que ocorre toxicidade grave, os organismos acabam por se aclimatar ao tóxico e a produção de gás regressa à sua taxa de pré-exposição.

A partir dos cálculos efectuados em[8] , observou-se que o volume máximo de gás CH_4 que pode ser produzido terapeuticamente a partir do metabolismo do ácido acético por microorganismos é de aproximadamente 17 ml. Dentro dos limites do erro experimental, este valor está próximo do valor de 15ml obtido a partir do traçado dos gráficos de produção cumulativa de CH4 na experiência efectuada. No entanto, a partir dos resultados obtidos, pode observar-se que os inóculos não foram capazes de degradar os plastificantes, uma vez que o maior volume de gás CH4 produzido a partir das amostras de teste injectadas com concentrações variáveis de plastificantes foi de 16 ml. Assim, a produção de metano foi apenas a partir do ácido acético.

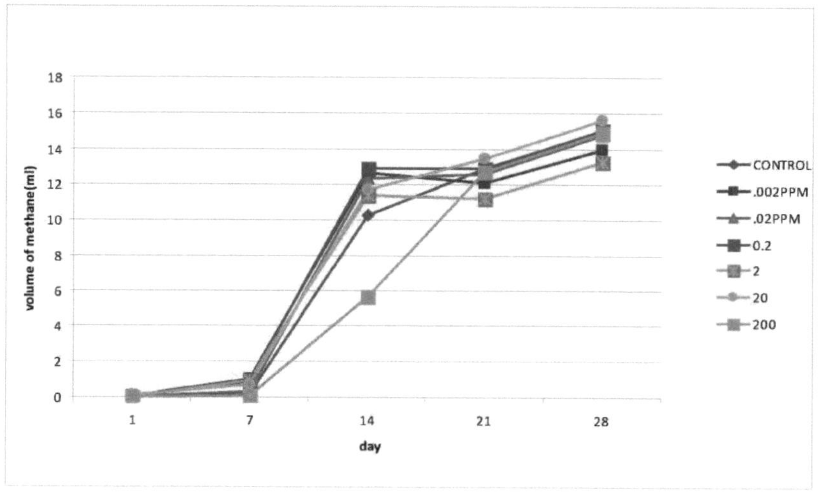

Fig. 5.81a Produção cumulativa de metano para o hidroxibifenilo

[8] Ver Apêndice

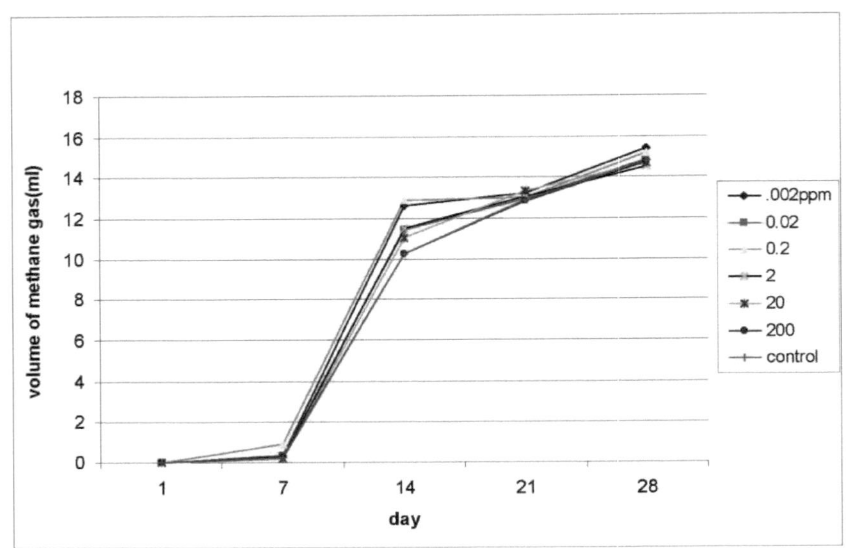

Fig. 5.81b Produção cumulativa de metano para o ftalato de bis-2-etil-hexilo

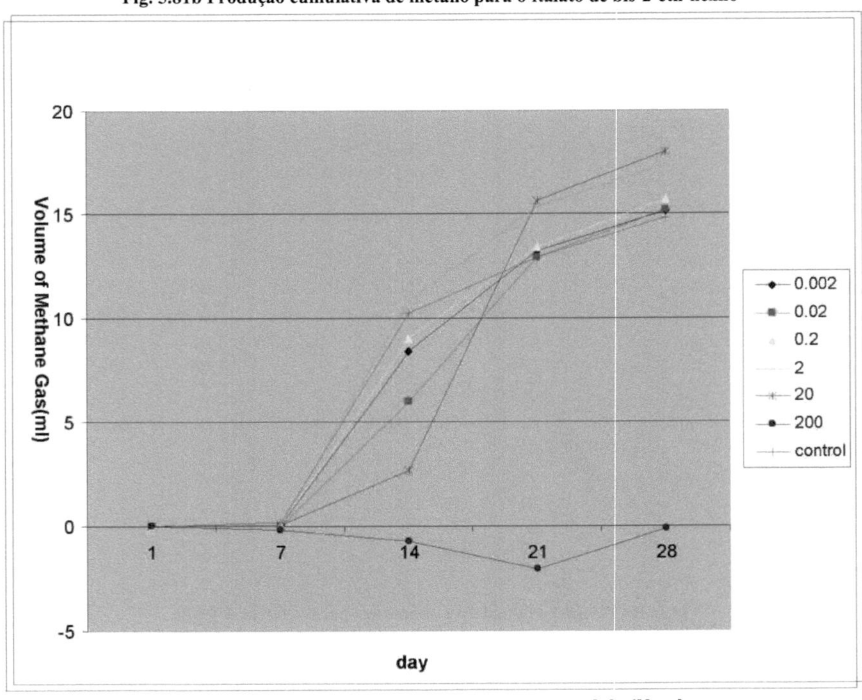

Fig. 5.81c Produção cumulativa de metano para o 2-fenilfenol

5.9 Resultados SEC

Cromatografia de excisão cromatografia (SEC), também designada cromatografia de filtração em gel ou cromatografia de permeação em gel (GPC), utiliza partículas porosas para separar moléculas de diferentes tamanhos. É geralmente utilizada para separar moléculas biológicas e para determinar pesos moleculares e distribuições de peso molecular de polímeros.

Trata-se de um método cromatográfico em que as partículas são separadas com base no seu tamanho. Na SEC, os compostos de peso molecular mais elevado eluem mais rapidamente do que os compostos de peso molecular mais elevado, porque as moléculas mais pequenas do que a dimensão dos poros podem entrar nas partículas e, por conseguinte, têm um percurso mais longo e um tempo de trânsito mais longo do que as moléculas maiores que não podem entrar nas partículas. As moléculas maiores do que a dimensão do poro não conseguem entrar nos poros e eluem em conjunto como o primeiro pico no cromatograma. Esta condição é designada por exclusão total. As moléculas que podem entrar nos poros terão um tempo médio de permanência nas partículas que depende do tamanho e da forma das moléculas.

Os resultados do SEC mostram que, quando o PH da amostra de efluente foi alterado para PH 2, todos os compostos de elevado peso molecular na amostra foram convertidos em compostos de baixo peso molecular, enquanto os compostos de baixo peso molecular foram ainda mais reduzidos a pesos moleculares mais baixos.

Quando o PH foi aumentado para PH 7, os compostos de elevado peso molecular separaram-se e os de baixo peso molecular converteram-se em compostos de elevado peso molecular. No entanto, a PH 12, registou-se um aumento da concentração de compostos de elevado e baixo peso molecular em comparação com a concentração da amostra original.

O carvão ativado granular (NORIT PK025) a uma concentração de 5g/l e PH da solução a 2 foi capaz de remover quase todos os compostos aromáticos de baixo peso molecular presentes nesse PH. A PH 7, dada a mesma concentração de CAG, tanto os compostos de peso molecular elevado como os de peso molecular baixo foram eficazmente removidos, mas preferencialmente os compostos de peso molecular mais baixo. No entanto, a PH 12, foram removidos mais compostos aromáticos de elevado peso molecular do que a PH 7.

O $FeCl_3$ a PH 2 é capaz de remover significativamente grande parte dos compostos aromáticos de baixo peso molecular. A PH 7, o $FeCl_3$ remove preferencialmente compostos aromáticos de menor peso molecular do que compostos de elevado peso molecular. A PH 12, foi observada a remoção preferencial de compostos de maior peso molecular. Os resultados da segunda experiência a PH 2 com 10g/l de resinas de permuta iónica não iónica XAD7 e XAD4 mostram que, após a adição de XAD7, foram removidos os compostos aromáticos de baixo peso molecular; no entanto, não houve grande diferença na quantidade de compostos aromáticos de baixo peso molecular removidos quando se adicionou XAD4 ao efluente filtrado da amostra XAD7. Em comparação, também se observou que houve uma melhor remoção com $FeCl_3$ do que com as resinas.

Os resultados obtidos no gráfico mostram que a eficiência do carvão ativado granular e do carvão ativado em pó na remoção de compostos de alto e baixo peso molecular foi maior a uma concentração de 10g/l, em comparação com concentrações variáveis de 1g/l e 5g/l, respetivamente, quando as condições de PH foram mantidas constantes a PH 8 para cada concentração.

No entanto, os gráficos também mostram que o PAC funcionou melhor em compostos de alto e baixo peso molecular em termos de quantidade de aromáticos removidos do efluente original.

Ao comparar a eficiência de concentrações variáveis de $FeCl_3$ na remoção de aromáticos no efluente a um PH constante de 8, observou-se a partir do gráfico ... que, tanto para compostos de alto peso molecular como para compostos de baixo peso molecular, uma concentração de 1g/l removeu a menor quantidade de aromáticos. Com concentrações de 10 g/l e 5 g/l, todos os compostos de elevado peso molecular foram removidos, enquanto que com 10g/l todos os compostos de baixo peso molecular foram removidos.

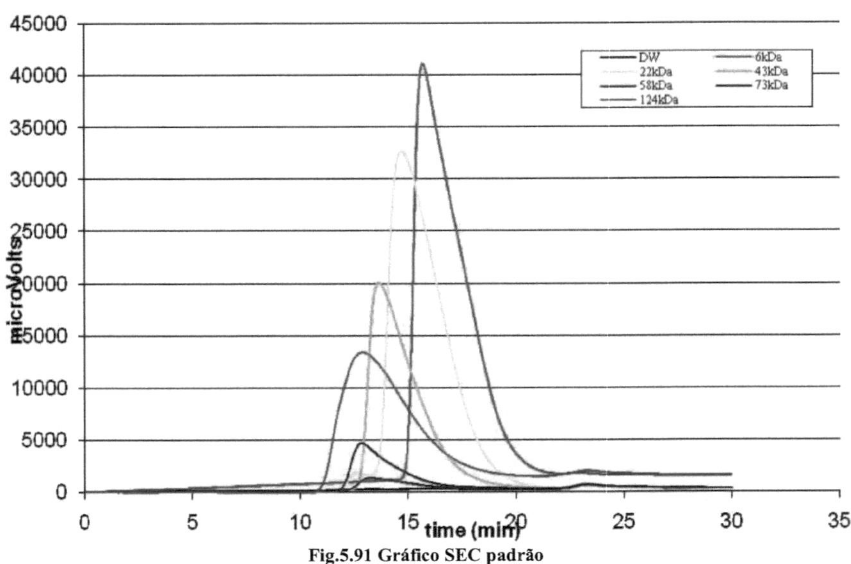

Fig.5.91 Gráfico SEC padrão

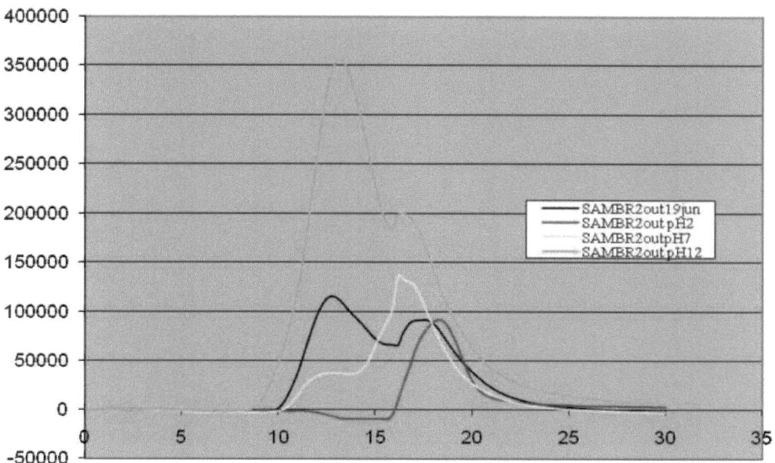

Fig.5.92 Efeito do PH na amostra inicial

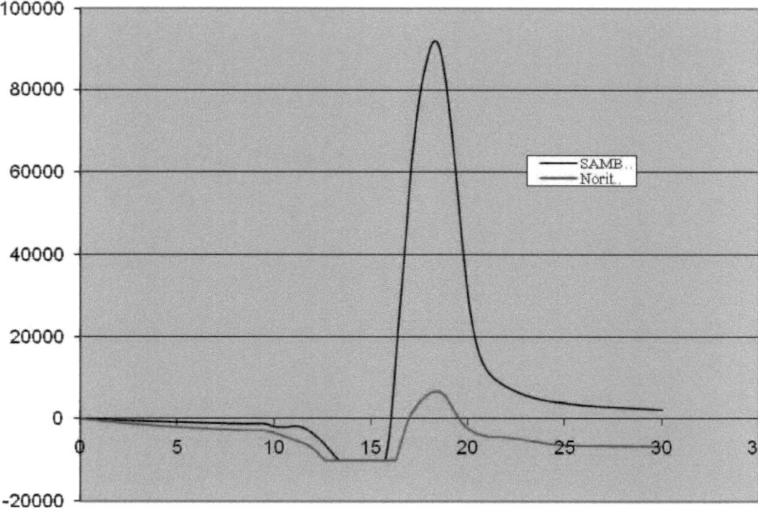

Fig. 5.93 5g/L Norit PH 2

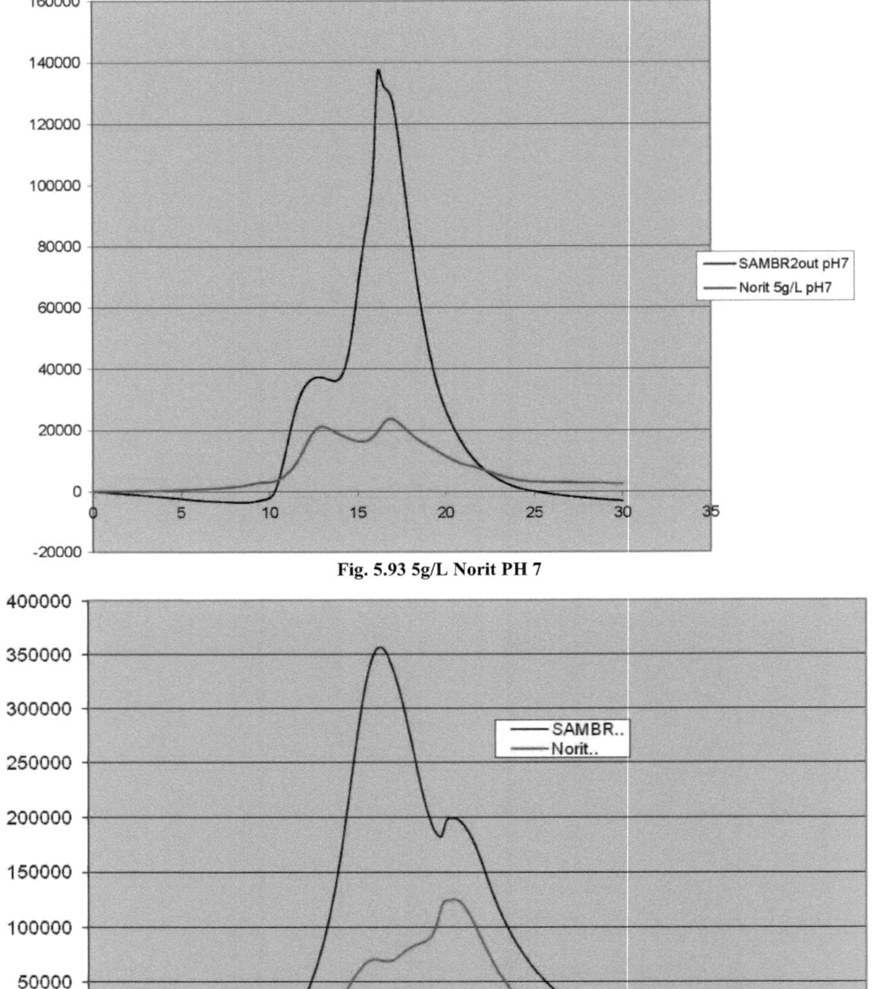

Fig. 5.93 5g/L Norit PH 7

Fig. 5.94 5g/L Norit PH 12

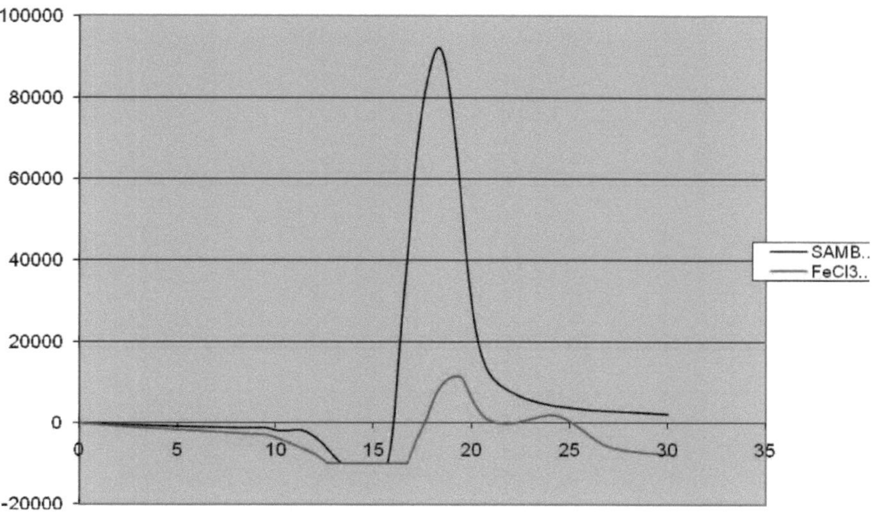

Fig. 5.95 Fe 3g/L PH 2

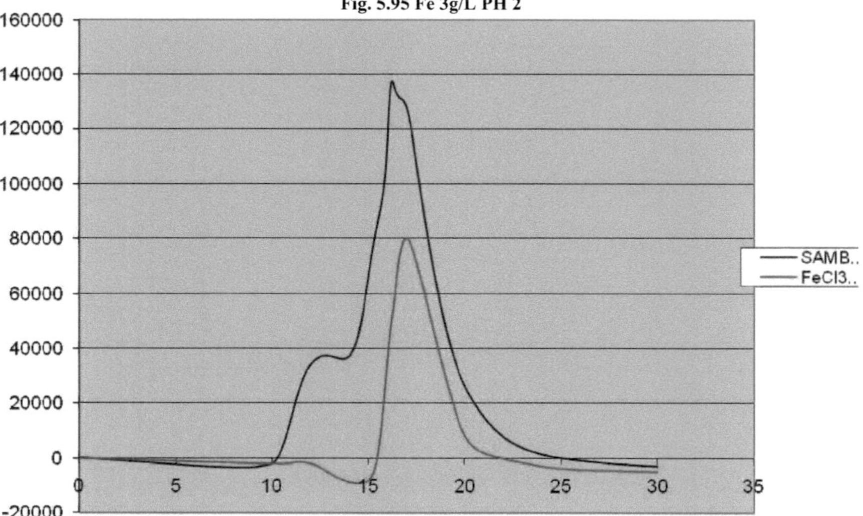

Fig. 5.96 3g/l Fe PH 7

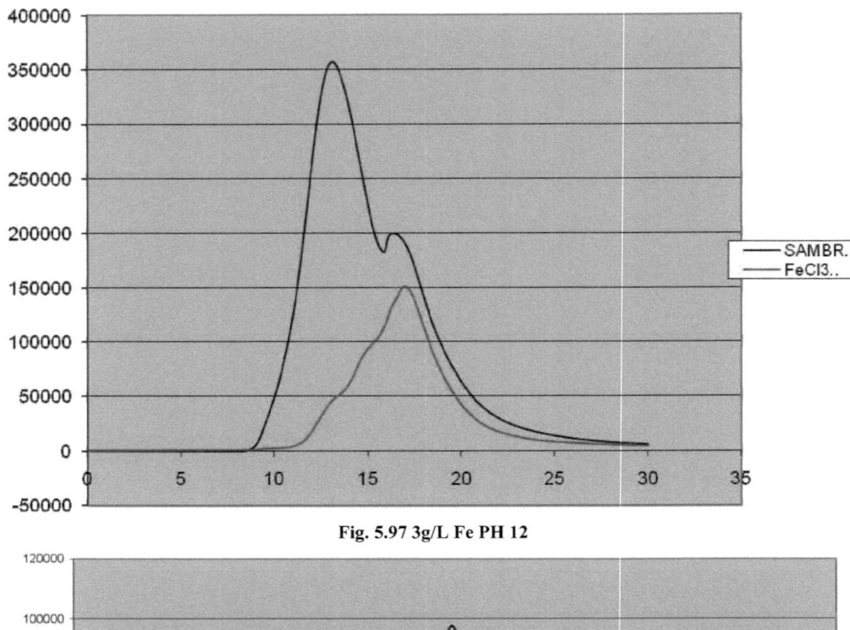

Fig. 5.97 3g/L Fe PH 12

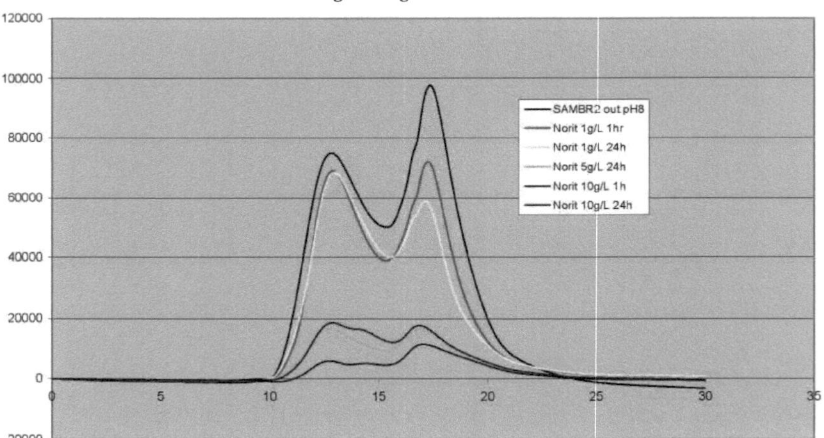

Fig. 5.98 1g/l, 5g/l,10g/l Norit PH 8

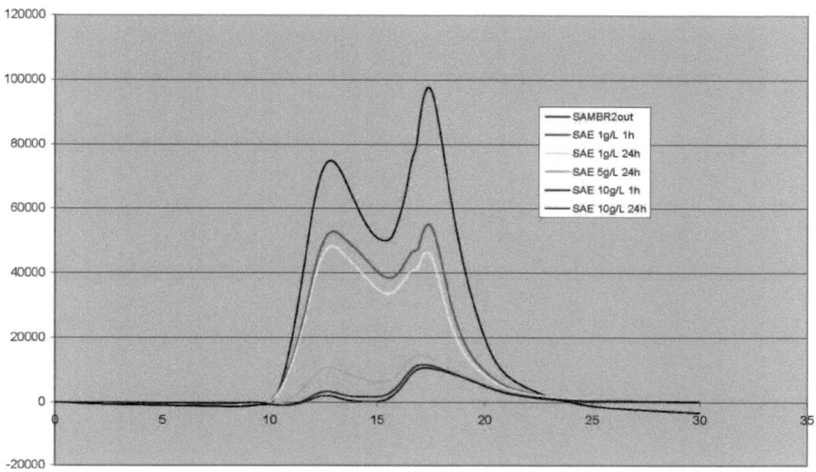

Fig. 5.99 1g/l, 5g/l, 10g/l SAE2 PH 8

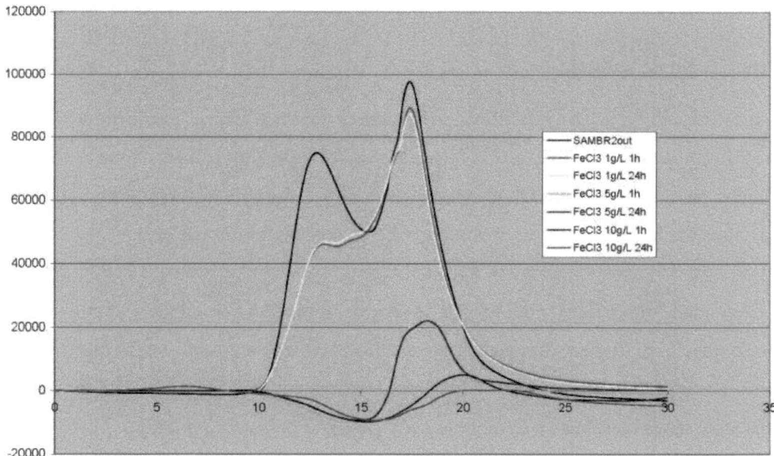

Fig. 5.910 1g/l, 5g/l, 10g/l Fe PH 8

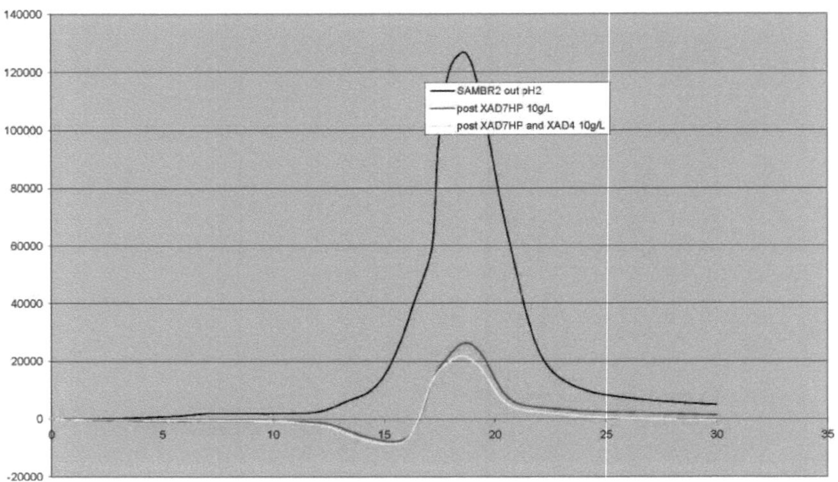

Fig.5.911 Efeito de XAD 4 e XAD 7

5.10 Experiência de coluna

A curva de rutura obtida a partir da plotagem de C/C_O contra o tempo foi do tipo "S", de acordo com o que foi obtido na literatura e o valor da capacidade de rutura, bem como a capacidade do lote, são dados na tabela[9] abaixo. Observou-se que a capacidade de adsorção em coluna era muito superior à capacidade em batelada. Resultados semelhantes foram registados por Davis e Ford (1972).

A maior capacidade da coluna pode dever-se a uma remoção parcial da matéria orgânica nas colunas por oxidação biológica, especialmente nos casos em que a coluna esteve em funcionamento durante pelo menos quatro (4) meses. Uma explicação mais plausível é a diferença inerente à natureza das operações contínuas e descontínuas.

Uma maior capacidade de funcionamento em coluna é estabelecida por um gradiente de concentração continuamente crescente na interface da zona de adsorção à medida que esta passa através da coluna, enquanto o gradiente de concentração diminui com o tempo em operações descontínuas.

À medida que a solução de adsorvato passa através da coluna, a zona de adsorção (onde ocorre a maior parte da adsorção) começa a deslocar-se para fora da coluna e a concentração do efluente começa a aumentar com o tempo. Este ponto é designado por ponto de rutura e, para esta experiência, foi observado às 12 horas de funcionamento da coluna (assumindo que o ponto de rutura é considerado a 10% da concentração do afluente) e o tempo de exaustão foi de 77 horas

[9] Ver Apêndice

(assumindo 80% da concentração do afluente).

Batch adsorption capacity	**3.3mg/g**
Column Adsorption Capacity	**137.6mg/g**
Adsorption Capacity At Break Through Point	**51.4mg/g**
Amount Of Solute Adsorbed In Primary Adsorption Zone From Breakthrough Point To exhaustion	**39.08mg/g**

Tabela 5.10 1 parâmetros calculados

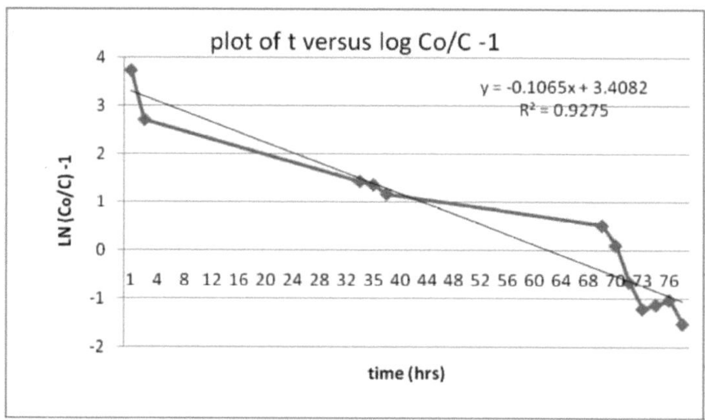

Fig.5.101 Gráfico de ln co/c-1 versus tempo

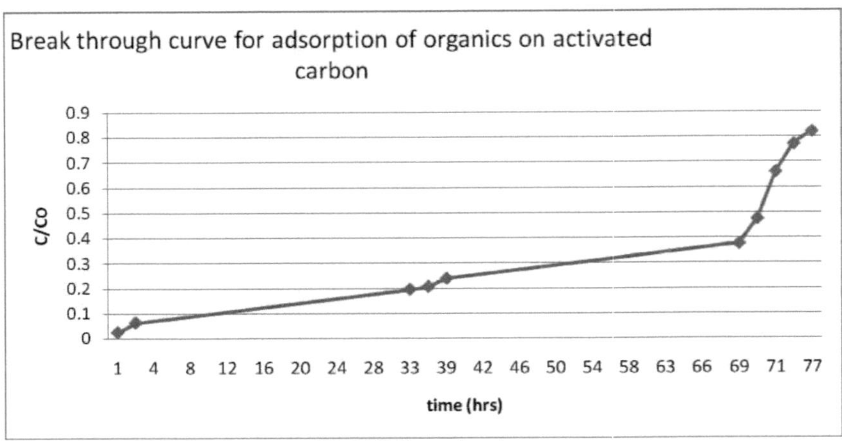

Fig.5.102 Curva de rutura

CAPÍTULO 6

DEBATE FINAL

Os resultados da experiência de adsorção em lote mostraram que a cinética de adsorção de substâncias orgânicas utilizando carvão ativado foi muito rápida. Após cerca de 1 hora de contacto, o equilíbrio foi estabelecido e cerca de 80% da CQO foi removida. No entanto, quando comparada com experiências em coluna contínua, observou-se que a capacidade de adsorção em coluna era muito superior à capacidade de adsorção em descontínuo. Isto deve-se ao facto de a concentração da fase solução estar a diminuir continuamente na isotérmica de adsorção e nos sistemas descontínuos, enquanto essa concentração está a diminuir continuamente na coluna.

A dosagem de adsorvente é importante no processo de adsorção porque os resultados mostram uma maior remoção de CQO com dosagens de adsorvente mais elevadas.

O pH da solução também é muito importante, como se pode ver nos resultados. O PH ótimo foi obtido a PH 8. A PH2 os compostos orgânicos tornam-se ionizados (uma vez que são básicos), o que reduz a sua capacidade de adsorção. No PH 12, a absorção orgânica foi menor devido à repulsão eletrostática entre a carga negativa da superfície e as espécies de soluto na solução, como resultado de o PH da solução ser superior ao PHPZC do carvão ativado. Este resultado é ligeiramente diferente dos resultados obtidos nas experiências SEC e a explicação encontra-se no facto de que, a um UV de 254 nm, o SEC só é capaz de detetar compostos aromáticos, enquanto o efluente SAMBR, que é a amostra de teste para as experiências de adsorção em lote, é constituído por compostos aromáticos e não aromáticos.

Enquanto que para o efluente SAMBR, um aumento do PH diminuiu o grau de ionização dos orgânicos, o efeito oposto foi observado a partir dos resultados dos compostos aromáticos. Neste caso, uma diminuição do PH diminuiu o grau de ionização dos orgânicos e, portanto, aumentou a sua adsorção na superfície do carvão ativado. No PH 12, os efeitos da ionização dos compostos aromáticos e também a carga superficial negativa do carvão ativado, devido ao facto de o PH ser superior ao PHPZC, conduzem a uma menor taxa de adsorção.

O tamanho dos poros e a área de superfície do carvão ativado também afectam a capacidade de adsorção do carvão ativado, uma vez que o[10] PAC com uma área de superfície maior e um tamanho de poros menor é um adsorvente melhor do que o CAG.

A isotérmica de adsorção mais favorável para a adsorção de compostos orgânicos no CAP foi a isotérmica de adsorção de Langmuir, que indica uma adsorção em monocamada numa superfície com um número finito de sítios de adsorção idênticos.

Os resultados do efeito de várias fracções do efluente no PAC mostram que o PAC é eficaz na remoção de compostos de alto e baixo peso molecular do efluente, embora a remoção de compostos de peso molecular mais elevado pareça ser mais rápida do que a de pesos moleculares mais baixos. Os resultados das experiências SEC mostraram também que os compostos aromáticos de maior peso molecular foram também removidos mais rapidamente do que os de menor peso molecular, embora a diferença não seja muito significativa. Por conseguinte, uma vez que os resultados obtidos nas experiências SEC representam compostos aromáticos e os resultados da remoção de CQO do efluente SAMBR são semelhantes, pode deduzir-se que grande parte da CQO removida do fluxo de efluentes foi contribuída pela remoção de compostos aromáticos.

Os resultados do efeito do CAP na adsorção de compostos de baixo peso molecular mostram que o CAP adsorve compostos de menor peso molecular do que o CAG durante um longo período de contacto e não durante um período mais curto. Este facto deve-se ao maior volume de poros e área de superfície do CAP em comparação com o CAG. No entanto, durante um período mais curto, os compostos de menor peso molecular são capazes de se adsorver no CAG devido a uma acessibilidade mais fácil aos seus poros em resultado da sua macroestrutura.

A resina XAD 7 foi melhor na adsorção de pesos moleculares mais baixos do que a XAD 4, apesar do menor tamanho dos poros da XAD 4, devido à natureza dos compostos presentes na amostra <1kda. O efeito combinado da natureza hidrofílica e da presença de compostos não aromáticos em compostos de peso molecular inferior levou à diminuição da capacidade de adsorção da XAD 4 como adsorvente para a amostra de , 1kda.

O carvão ativado (PAC), devido ao seu tamanho de poro mais pequeno, produziu melhores resultados do que as resinas, enquanto o $FeCl_3$ removeu a menor quantidade de compostos de baixo peso molecular. Os resultados do SEC, por outro lado, mostram que o FeCl3 é eficaz na remoção de compostos aromáticos de baixo peso molecular, especialmente a valores baixos de PH. Este resultado mostra que a quantidade de compostos aromáticos presentes na fração <1 kda é muito pequena e insignificante. No entanto, o FeCl3 é melhor na remoção de compostos aromáticos de

[10] Ver pág. 51

elevado peso molecular.

As experiências de coagulação mostram que a coagulação com FeCl3 foi mais eficaz com valores de PH ácidos, uma vez que a acidificação provoca uma diminuição da estabilidade das partículas coloidais, enquanto o aumento do PH promove a desprotonação das substâncias húmicas (aumentando as espécies carregadas negativamente) e diminui a carga positiva dos coagulantes metálicos. A dose de coagulante deve ser estequiométrica em relação à quantidade de substâncias orgânicas a remover e, como se observou na experiência, as doses de FeCl3 superiores a 1g/l não produziram resultados favoráveis. Também se verificou que tempos de contacto curtos produziam melhores efeitos de coagulação, uma vez que a reestabilização ocorria à medida que o tempo de contacto aumentava.

Verificou-se que os polielectrólitos são eficazes na melhoria da eficiência do coagulante, especialmente se adicionados após 20 minutos de coagulação com $FeCl_3$. O aumento da concentração do polielectrólito adicionado melhorou a eficiência da remoção.

Foi testada a resposta de bactérias acetoclásticas a vários compostos potencialmente tóxicos (plastificantes). Os resultados revelaram uma gama de concentrações sem efeito para o hidroxibifenilo, uma gama de inibição caracterizada por um período de atraso para o Bis-2-etil hexil pthalate e uma diminuição da taxa de metabolismo que, em última análise, leva à aclimatação e a uma atividade metabólica renovada no 2-fenilfenol.

No entanto, nenhum dos plastificantes foi metabolizado pelos metanogénios. Estes testes sugerem que se um reator anearóbio for suscetível de ser exposto a impulsos ocasionais de compostos tóxicos, pode ser vantajoso adicionar intencionalmente e de forma contínua alguns destes compostos ao reator para que o organismo se possa habituar a eles.

CAPÍTULO 7

CONCLUSÃO

A capacidade de adsorção dos compostos orgânicos aumenta com o aumento do tempo de contacto, do PH da solução inicial e da dosagem de adsorvente. A isotérmica de adsorção de matéria orgânica natural no CAP favoreceu a isotérmica de Langmuir com capacidade máxima de monocamada a 3,3mg/g. Verificou-se que a capacidade de adsorção depende da interação dos poluentes com o adsorvente. Em geral, quanto mais hidrofóbico for o soluto, maior é a capacidade de adsorção. Além disso, um aumento do tamanho da molécula do soluto aumenta a adsorção.

A capacidade de adsorção da coluna de carvão ativado foi de 136,86 mg/g, com um tempo de rutura de 12 horas e um tempo de exaustão de 77 horas. Este resultado mostra que a experiência em coluna é mais eficaz na remoção de compostos orgânicos das águas residuais, como se pode ver pela diferença na capacidade de adsorção entre os dois processos.

Os adsorventes com maior volume de poros são mais eficazes na adsorção; assim, o PAC é melhor do que o CAG e as resinas de permuta iónica não iónicas (XAD 4 e XAD 7).

O XAD 7 provou ser um adsorvente muito melhor do que o XAD 4 na adsorção de compostos de baixo peso molecular, apesar de o XAD 4 ter um tamanho de poro menor devido à presença de não aromáticos na fração de baixo peso molecular do efluente e também à natureza hidrofílica da fração.

Geralmente, os adsorventes com poros mais pequenos são mais eficazes na remoção de compostos orgânicos de baixo peso molecular da solução. O carvão ativado remove tanto compostos de elevado peso molecular como de baixo peso molecular, mas é mais eficaz na remoção de compostos de elevado peso molecular, enquanto o $FeCl_3$ é eficaz na remoção de compostos de elevado peso molecular e não de baixo peso molecular. Os efeitos de coagulação com $FeCl_3$ dependem do PH e parecem produzir melhores resultados com PH ácido.

A dosagem de coagulante foi optimizada a uma concentração de 1g/l e um aumento adicional da concentração não produziu uma melhor coagulação dos poluentes.

A adição de floculantes foi capaz de melhorar significativamente a coagulação de produtos orgânicos com $FeCl_3$, e a eficiência aumentou com o aumento da concentração de floculantes.

O hidroxibifenilo e o bis-2-etil hexil ftalato afectaram as taxas metabólicas das bactérias acetoclásticas; no entanto, a concentrações elevadas, o 2-fenil fenol inibiu o processo metanogénico, mas a inoculação aclimatou-se e retomou a produção de metano.

O inóculo não foi capaz de sintetizar nenhum dos 3 plastificantes, uma vez que a produção de metano foi apenas a partir da fonte de carbono injectada.

TRABALHO FUTURO

- Estudar a cinética de adsorção dos plastificantes presentes no reator anaeróbio, para analisar o melhor método de os remover e em que condições de funcionamento a remoção é óptima.
- Estudar a cinética de adsorção de adsorventes baratos e comparar a sua eficiência com a do carvão ativado comercial.

APÊNDICE

Cálculos ATA

Cálculo teórico da quantidade de CH_4 produzido a partir do metabolismo do ácido acético por bactérias acetoclásticas.

$CH3COOH + 2O_2 = 2CO_2 + 2H\ O_2$

Peso molecular do ácido acético= 60g

Peso molecular do oxigénio= 32g

Quantidade de CQO em 40mg de ácido acético= (2*32*40)/60=42,7mg O_2

Mas 1g CQO= 0,39litros CH4 a 35 C^0

Portanto, a quantidade de gás CH_4 produzido a partir de 40mg de ácido acético= (.391*42.7mg)/1000 =16.653ml

Cálculos de colunas de adsorção

Aplicação do modelo linearizado de Thomas para calcular a capacidade de adsorção de uma coluna de carvão ativado.

Ln((Co/C)-1)=K*q*m/ F - K*Co*t

Em que K= Constante de velocidade de Thomas (l/min/mg)

q=capacidade de adsorção do leito (mg/g)

M=massa de adsorvente na coluna (g)

F= caudal da coluna (ml/min)

Co= concentração inicial do composto orgânico (mg/l)

t= tempo (horas)

O gráfico de ln (Co/C -1) em função do tempo dá um declive de -K*Co e uma interceção de K*q*m / F.

Parâmetros conhecidos

Co= 834,62 mg/l

M=15,2g

F= 1,3 ml/min

A partir do gráfico:

Inclinação= -.1065 ; Intercepções 3.4082

Por conseguinte, KCo = 0,1065....(1)

Kqm/F =3,4082....(2)

Substituindo os valores de Co na equação 1, obtém-se K como 2,13*10^ -6 (l/min/mg)

Substituindo este valor na equação 2, obtém-se q como 137,6mg/g

Cálculo da quantidade de carvão ativado introduzido no reator (assumindo um caudal de 1,6 litros/dia) utilizando o modelo teórico de Freundlich.

Co=745,1mg/l

Ce=159,6 mg/l (de estudos em lote)

Quantidade de CQO removida com um caudal de 1,6 litros/dia =F(Co-Ce); é 936,7mg/dia

Em que F = caudal.

Balanço de massa na coluna

F(Co-Ce) =S(Ye-Yo) ....(3)

Onde S=massa de adsorvente,

Ye= concentração de substâncias orgânicas no adsorvente no momento do equilíbrio

Yo=concentração inicial de substâncias orgânicas no carvão ativado

Yo=0, e Ye $=KCe^{(1/n)}$ em que K e 1/n são parâmetros da isotérmica de adsorção obtidos graficamente.

K=58,6 e Ce=159,6mg/l.

Substituindo estes valores na equação 3, obtém-se o valor de S como 15,2 g de carbono ativado/dia.

Cálculo dos parâmetros da isotérmica de adsorção em lote

A absorção de CQO em equilíbrio, qe (mg/g), foi calculada da seguinte forma

qe= (Co-Ce)*V/ W (4)

Onde Co e Ce (mg/l) são as concentrações na fase líquida do efluente no estado inicial e de equilíbrio, respetivamente. V (l) é o volume do efluente e W (g) é a massa do adsorvente seco utilizado nos ensaios de adsorção em descontínuo.

A percentagem de remoção de CQO foi calculada como

Remoção (%) = (Co-Ce)/Co*100

BIBLIOGRAFIA

A.H. Robinson, junho de 2005, "Landfill Leachate Treatment", *Conferência sobre bioreactores de membrana* no Reino Unido, pp. 7.

Aboulhassan, M.A., Souabi, S., Yaacoubi, A. & Baudu, M. 2006, "Improvement of paint effluents coagulation using natural and synthetic coagulant aids", *Journal of Hazardous Materials,* vol. 138, no. 1, pp. 40-45.

Ayranci, E. & Duman, O. 2006, "Adsorption of aromatic organic acids onto high area activated carbon cloth in relation to wastewater purification", *Journal of Hazardous Materials,* vol. 136, no. 3, pp. 542-552.

Bansode, R.R., Losso, J.N., Marshall, W.E., Rao, R.M. & Portier, R.J. 2003, "Adsorption of volatile organic compounds by pecan shell- and almond shell-based granular activated carbons", *Bioresource Technology,* vol. 90, no. 2, pp. 175-184.

Beccari, M., Majone, M. & Torrisi, L. 1998, "Two-reator system with partial phase separation for anaerobic treatment of olive oil mill effluents", *Water Science and Technology,* vol. 38, no. 4-5, pp. 53-60.

Bes-Pia, A., Mendoza-Roca, J.A., Alcaina-Miranda, M.I., Iborra-Clar, A. & Iborra-Clar, M.I. 2002, "Reuse of wastewater of the textile industry after its treatment with a combination of physico-chemical treatment and membrane technologies", *Desalination,* vol. 149, no. 1-3, pp. 169-174.

Blum, D.J.W., Suffet, I.H. & Duguet, J.P. 1994, "Quantitative structure-activity relationship using molecular connectivity for the activated carbon adsorption of organic chemicals in water", *Water Research,* vol. 28, no. 3, pp. 687-699.

Bodzek, M., Lobos-Moysa, E. & Zamorowska, M. 2006, "Removal of organic compounds from municipal landfill leachate in a membrane bioreactor", *Desalination,* vol. 198, no. 1-3, pp. 16-23.

Bohdziewicz, J., Bodzek, M. & Gorska, J. 2001, "Application of pressure-driven membrane techniques to biological treatment of landfill leachate", *Process Biochemistry,* vol. 36, no. 7, pp. 641-646.

Bohdziewicz, J., Neczaj, E. & Kwarciak, A. 2008, "Landfill leachate treatment by means of anaerobic membrane bioreactor", *Desalination,* vol. 221, no. 1-3, pp. 559-565.

Borja, R. & Banks, C.J. 1994, "Kinetics of methane production from palm oil mill effluent in an immobilised cell bioreactor using saponite as support medium", *Bioresource Technology,* vol. 48, no. 3, pp. 209-214.

Borzacconi, L., Lopez, I. & Anido, C. 1997, "Hydrolysis constant and VFA inhibition in acidogenic phase of MSW anaerobic degradation", *Water Science and Technology,* vol. 36, no. 6-7, pp. 479-484.

Chan, G.Y.S., Chang, J., Kurniawan, T.A., Fu, C., Jiang, H. & Je, Y. 2007, "Removal of non-biodegradable compounds from stabilized leachate using VSEPRO membrane filtration", *Desalination,* vol. 202, no. 1-3, pp. 310-317.

D. Trebouet, J.P. Schlumpf, P. Jaouen e F. Quemeneur 2001, "Stabilised landfill leachate treatment by combined physicochemical-nanofilteration process", *pergamon,* vol. 35, no. 12, pp. 2935-2942.

de Laclos, H.F., Desbois, S. & Saint-Joly, C. 1997, "Anaerobic digestion of municipal solid organic waste: Valorga full-scale plant in tilburg, The Netherlands", *Water Science and Technology,* vol. 36, no. 6-7, pp. 457-462.

Derylo-Marczewska, A., Goworek, J., Swiatkowski, A. & Buczek, B. 2004, "Influence of differences in porous structure within granules of activated carbon on adsorption of aromatics from aqueous solutions", *Carbon,* vol. 42, no. 2, pp. 301-306.

Derylo-Marczewska, A., Swiatkowski, A., Biniak, S. & Walczyk, M. 2008, "Effect of properties of chemically modified activated carbon and aromatic adsorbate molecule on adsorption from liquid phase", *Colloids and Surfaces A: Physicochemical and Engineering Aspects,* vol. 327, no. 1-3, pp. 1-8.

Faur, C., Cougnaud, A., Dreyfus, G. & Le Cloirec, P. "Modelling the breakthrough of activated carbon filters by pesticides in surface waters with static and recurrent neural networks", *Chemical Engineering Journal,* vol. In Press, Corrected Proof.

Faur-Brasquet, C., Kadirvelu, K. & Le Cloirec, P. 2002, "Removal of metal ions from aqueous solution by adsorption onto activated carbon cloths: adsorption competition with organic matter", *Carbon,* vol. 40, no. 13, pp. 2387-2392.

Figaro, S., Louisy-Louis, S., Lambert, J., Ehrhardt, J.-., Ouensanga, A. & Gaspard, S. 2006,

"Adsorption studies of recalcitrant compounds of molasses spentwash on activated carbons", *Water Research,* vol. 40, no. 18, pp. 3456-3466.

Frattini Fileti, A.M., Cruz, S.L. & Pereira, J.A.F.R. 2000, "Análise de estratégias de controlo para uma coluna de destilação descontínua com testes experimentais", *Chemical Engineering and Processing,* vol. 39, no. 2, pp. 121-128.

Horn, O., Nalli, S., Cooper, D. & Nicell, J. 2004, "Plasticizer metabolitesin the ambiente", *Water Research,* vol. 38, no. 17, pp. 3693-3698.

Horn, O., Nalli, S., Cooper, D. & Nicell, J. 2004, "Plasticizer metabolitesin the ambiente", *Water Research,* vol. 38, no. 17, pp. 3693-3698.

Imai, A., Onuma, K., Inamori, Y. & Sudo, R. 1995, "Biodegradation and adsorption in refractory leachate treatment by the biological activated carbon fluidized bed process", *Water Research,* vol. 29, no. 2, pp. 687-694.

Kurniawan, T.A., Lo, W. & Chan, G.Y. 2006, "Physico-chemical treatments for removal of recalcitrant contaminants from landfill leachate", *Journal of Hazardous Materials,* vol. 129, no. 1-3, pp. 80-100.

L. borzacconi, I. Lopez, M. Ohanian e M. Vinas 1999, "Anaerobic-aerobic treatment of municipal solid waste leachate", *Environmental technology,* vol. 20, pp. 211-217.

Le Cloirec, P. & Faur-Brasquet, C. 2008, "Adsorption of Inorganic Species from Aqueous Solutions" in *Adsorption by Carbons,* eds. Eduardo J. Bottani & Juan M.D. Tascon, Elsevier, Amesterdão, pp. 631-651.

Li, F., Yuasa, A., Ebie, K. & Azuma, Y. 2003, "Microcolumn test and model analysis of activated carbon adsorption of dissolved organic matter after precoagulation: effects of pH and pore size distribution", *Journal of Colloid and Interface Science,* vol. 262, no. 2, pp. 331-341.

Li, L., Quinlivan, P.A. & Knappe, D.R.U. 2002, "Effects of activated carbon surface chemistry and pore structure on the adsorption of organic contaminants from aqueous solution", *Carbon,* vol. 40, no. 12, pp. 2085-2100.

Lin, J., Ma, Y., Chao, A.C. & Huang, C. 1999, "BMP test on chemically pretreated sludge", *Bioresource Technology,* vol. 68, no. 2, pp. 187-192.

Maranon, E., Castrillon, L., Fernandez-Nava, Y., Fernandez-Mendez, A. & Fernandez-Sanchez, A. 2008, "Coagulation-flocculation as a pretreatment process at a landfill leachate nitrification-denitrification *plant*", *Journal of Hazardous Materials,* vol. 156, no. 1-3, pp. 538-544.

Maranon, E., Castrillon, L., Fernandez-Nava, Y., Fernandez-Mendez, A. & Fernandez-Sanchez, A. 2008, "Coagulation-flocculation as a pretreatment process at a landfill leachate nitrification-denitrification *plant*", *Journal of Hazardous Materials,* vol. 156, no. 1-3, pp. 538-544.

Martin, R.L. & Al-Bahrani, K.S. 1978, "Adsorption studies using gas-liquid chromatography-III. Experimental factors influencing adsorption", *Water Research,* vol. 12, no. 10, pp. 879-888.

Massoud Pirbazari, Vardarajan Ravindran, Badri N. badriyha e Sung-hyun Kim 1996, "Hybrid membrane filteration process for leachate treatment", *Environmental engineering program,* vol. 30, no. 11, pp. 2691-2706.

Mijaylova Nacheva, P., Torres Bustillos, L., Ramirez Camperos, E., Lopez Armenta, S. & Cardoso Vigueros, L. 1996, "Characterization and coagulation-flocculation treatability of Mexico City wastewater applying ferric chloride and polymers", *Water Science and Technology,* vol. 34, no. 3-4, pp. 235-247.

Moreno-Castilla, C. 2008, "Adsorption of Organic Solutes from Dilute Aqueous Solutions" in *Adsorption by Carbons,* eds. Eduardo J. Bottani & Juan M.D. Tascon, Elsevier, Amesterdão, pp. 653-678.

Newcombe, G., Drikas, M. & Hayes, R. 1997, "Influence of characterised natural organic material on activated carbon adsorption: II. Effect on pore volume distribution and adsorption of 2-methylisoborneol", *Water Research,* vol. 31, no. 5, pp. 1065-1073.

Newcombe, G., Hayes, R. & Drikas, M. 1993, "Granular activated carbon: Importance of surface properties in the adsorption of naturally occurring organics", *Colloids and Surfaces A: Physicochemical and Engineering Aspects,* vol. 78, pp. 65-71.

Petersen, F.W. & Van Deventer, J.S.J. 1991, "The influence of pH, dissolved oxygen and organics on the adsorption of metal cyanides on activated carbon", *Chemical Engineering Science,* vol. 46, no. 12, pp. 3053-3065.

Professor W. Piatkiewicz julho/agosto de 2001, "A polish study: Treating Landfill Leachate With Membranes", *Landfill Leachate Treatment,* , pp. 22.

Qi, S. & Schideman, L.C. 2008, "An overall isotherm for activated carbon adsorption of dissolved natural organic matter in water", *Water Research,* vol. 42, no. 13, pp. 33533360.

Quinlivan, P.A., Li, L. & Knappe, D.R.U. 2005, "Effects of activated carbon characteristics on the simultaneous adsorption of aqueous organic micropollutants and natural organic matter", *Water Research,* vol. 39, no. 8, pp. 1663-1673.

Rico, J.L., García, H., Rico, C. & Tejero, I. 2007, "Characterisation of solid and liquid fractions of dairy manure with regard to their component distribution and methane production", *Bioresource Technology,* vol. 98, no. 5, pp. 971-979.

Ruiz, I., Blazquez, R. & Soto, M. "Methanogenic toxicity in anaerobic digesters treating municipal wastewater", *Bioresource Technology,* vol. In Press, Corrected Proof.

Ryan, D., Gadd, A., Kavanagh, J., Zhou, M. & Barton, G. 2008, "A comparison of coagulant dosing options for the remediation of molasses process water", *Separation and Purification Technology,* vol. 58, no. 3, pp. 347-352.

S .K. Marttinen, R.H. Kettunen, K.M Sormunen, R.M. Soimasuo, J.A.Rintala 2001, "Screening of physical-chemical methods for removal of prganic material, nitrogen and toxicity from low strength landfill leachates", *Chemosphere,* , pp. 851-858.

Santhosh, G., Venkatachalam, S., Ninan, K.N., Sadhana, R., Alwan, S., Abarna, V. & Joseph, M.A. 2003, "Adsorção de dinitramida de amónio (ADN) de soluções aquosas: 1. Adsorption on powdered activated charcoal", *Journal of Hazardous Materials,* vol. 98, no. 1-3, pp. 117-126.

Schreiber, B., Brinkmann, T., Schmalz, V. & Worch, E. 2005, "Adsorption of dissolved organic matter onto activated carbon-the influence of temperature, absorption wavelength, and molecular size", *Water Research,* vol. 39, no. 15, pp. 3449-3456.

Smith, E.H. 1991, "Evaluation of multicomponent adsorption equilibria for organic mixtures onto activated carbon", *Water Research,* vol. 25, no. 2, pp. 125-134.

Soleimani, M. & Kaghazchi, T. 2008, "Adsorption of gold ions from industrial wastewater using activated carbon derived from hard shell of apricot stones - An agricultural waste", *Bioresource Technology,* vol. 99, no. 13, pp. 5374-5383.

Suzuki, M. & Chihara, K. 1988, "Heterogeneous coagulation of organic colloid and powdered activated carbon", *Water Research,* vol. 22, no. 5, pp. 627-633.

T .H. Christensen, R.Cossu, R.Stegmann 1992, "Biological processes" in *Landfilling of resíduos: lixiviados,* ed. T.H.Christensen, R. Cossu, R.Stegmann, Elsevier science, UK, pp. 185-228.

Torres, L.G., Jaimes, J., Mijaylova, P., Ramirez, E. & Jimenez, B. 1997, "Coagulation- flocculation pretreatment of high-load chemical-pharmaceutical industry wastewater: Mixing aspects", *Water Science and Technology,* vol. 36, no. 2-3, pp. 255-262.

Tsilogeorgis, J., Zouboulis, A., Samaras, P. & Zamboulis, D. 2008, "Application of a membrane sequencing batch reator for landfill leachate treatment", *Desalination,* vol. 221, no. 1-3, pp. 483-493.

W . F . Owen, D . C . Stuckey, J . B . Healy, jr., L. Y. young, e P.L. McCarty, 19 de dezembro de 1978, "Bioassay For Monitoring Biochemical Methane Potential And Anaerobic Toxicity", pp. 485.

Warta, C.L., Papadimas, S.P., Sorial, G.A., Suidan, M.T. & Speth, T.F. 1995, "The effect of molecular oxygen on the activated carbon adsorption of natural organic matter in Ohio river water", *Water Research,* vol. 29, no. 2, pp. 551-562.

Xing, W., Ngo, H.H., Kim, S.H., Guo, W.S. & Hagare, P. 2008, "Adsorption and bioadsorption of granular activated carbon (GAC) for dissolved organic carbon (DOC) removal in wastewater", *Bioresource Technology,* vol. 99, no. 18, pp. 8674-8678.

Yue, Q.Y., Gao, B.Y., Wang, Y., Zhang, H., Sun, X., Wang, S.G. & Gu, R.R. 2008, "Synthesis of polyamine flocculants and their potential use in treating dye wastewater", *Journal of Hazardous Materials,* vol. 152, no. 1, pp. 221-227.

ZAYAS Peerez, T., GEISSLER, G. & HERNANDEZ, F. 2007, "Chemical oxygen demand reduction in coffee wastewater through chemical flocculation and advanced oxidation processes", *Journal of Environmental Sciences,* vol. 19, no. 3, pp. 300-305.

ZAYAS Peerez, T., GEISSLER, G. & HERNANDEZ, F. 2007, "Chemical oxygen demand reduction in coffee wastewater through chemical flocculation and advanced oxidation processes", *Journal of Environmental Sciences,* vol. 19, no. 3, pp. 300-305.

Zhang, K., Cheung, W.H. & Valix, M. 2005, "Roles of physical and chemical properties of activated carbon in the adsorption of lead ions", *Chemosphere,* vol. 60, no. 8, pp. 11291140.

Zhang, Q. & Chuang, K.T. 2001, "Adsorption of organic pollutants from effluents of a Kraft pulp mill on activated carbon and polymer resin", *Advances in Environmental Research,* vol. 5, no. 3, pp. 251-258

Printed by Books on Demand GmbH, Norderstedt / Germany